全国建筑装饰装修行业培训系列教材
中国建筑装饰协会培训中心组织编写
主编 王燕鸣

装饰装修工程概预算与成本管理

戚振强 编写

中国建筑工业出版社

图书在版编目（CIP）数据

装饰装修工程概预算与成本管理/戚振强主编. —北京：中国建筑
工业出版社，2012.12（2023.3重印）
全国建筑装饰装修行业培训系列教材
ISBN 978-7-112-14986-5

Ⅰ.①装…　Ⅱ.①戚…　Ⅲ.①建筑装饰-工程装修-建筑概算定额
②建筑装饰-工程装修-建筑预算定额③建筑装饰-工程装修-成本管理
Ⅳ.①TU723.3

中国版本图书馆 CIP 数据核字（2012）第 311870 号

本书由中国建筑装饰协会培训中心统一组织编写，是全国建筑装饰装修行业培训系列
教材之一，有较强的理论性、实践性和可操作性。本书根据最新颁布的国家规范《建设工
程工程量清单计价规范》GB 50500—2013 和《房屋建筑与装饰工程工程量计算规范》GB
50854—2013 等编写。全书共分 10 章，分别为：装饰装修工程概预算概论、装饰装修工程
预算的编制、建设工程工程量清单计价、装饰装修工程定额计价法、装饰装修工程量计算
规则、装饰装修工程招投标与合同价款的确定、工程价款支付与竣工结算、装饰装修工程
成本控制概述与成本计划的编制、装饰装修工程成本分析与控制、装饰装修工程概预算电
算化等。

本书可作为建筑装饰装修行业从业人员培训教材，亦可作为院校相关专业教材使用。

* * *

责任编辑：朱首明　聂　伟
责任设计：张　虹
责任校对：张　颖　刘　钰

全国建筑装饰装修行业培训系列教材
中国建筑装饰协会培训中心组织编写
主编　王燕鸣
装饰装修工程概预算与成本管理
戚振强　编写
*
中国建筑工业出版社出版、发行(北京西郊百万庄)
各地新华书店、建筑书店经销
北京红光制版公司制版
北京建筑工业印刷厂印刷
*
开本：787×1092毫米　1/16　印张：11¼　字数：272千字
2013年8月第一版　2023年3月第七次印刷
定价：24.00元
ISBN 978-7-112-14986-5
（23077）

序

在科学发展观的指引下，在国家宏观经济强势发展的带动下，中国建筑装饰行业呈现出健康快速发展态势，行业规模持续增长，产业化水平有了明显进步，企业的集中化程度有了一定的提高，技术创新和科技进步水平有了提升。建筑装饰装修工程施工管理已经发展为相对独立、具有较高技术含量和艺术创造性的专业化施工项目，因此对建筑装饰装修施工项目管理者的综合素质、管理理论和实践水平的要求也越来越高。

建筑装饰装修工程项目是各种生产要素的载体，建筑装饰装修工程施工管理是一项由设计、材料、施工、监理构成的多领域、多专业、多关联、多元化的系统工程，是一个按照工程项目的内在规律进行科学的计划、组织、协调和控制的管理过程。建筑装饰装修工程项目管理者的综合素质和管理水平高低直接影响着工程产品的最终质量，反映着装饰施工企业的整体形象和管理水平，关系着企业的生存和发展。因此，培养和造就一支专技术、懂管理、会经营的建筑装饰装修工程项目管理队伍，对于规范建筑装饰装修施工行业，提高建筑装饰产品质量，提高建筑装饰装修行业整体水平及在国际市场中的竞争力具有重要意义。

《全国建筑装饰装修行业培训系列教材》是中国建筑装饰协会培训中心在 12 年前受住房和城乡建设部（原建设部）主管部门的委托，在装饰项目经理培训教材的基础上，陆续组织担任主要课程的教学人员和业内专家编写的。根据建设部建市（2003）86 号文件中"要充分发挥有关行业协会的作用，加强项目经理培训，不断提高项目经理队伍素质"的要求；根据中国建筑装饰协会于 2003 年 8 月 1 日发文对进一步做好装饰行业项目经理培训工作做出的具体安排，随着培训工作的广泛开展，本套教材多次重印，在行业人才培训过程中发挥了重大的作用。

然而随着建筑装饰行业迅速发展，在已经到来的"十二五"发展时期，建筑业需求将持续强劲，建设规模仍将保持较大幅度增长，环保、节能、减排、低碳以及更加严格的工艺标准，对建筑装饰装修工程的技术要求会越来越高，项目管理专业化、科学化、现代化程度越来越高，特别是转变行业发展方式、提升行业发展质量、实现行业可持续发展，建立资源节约型和环境友好型工程，对项目管理人员乃至全行业各级各类从业人员的专业技术能力、管理能力、执业能力的要求也越来越高。因此，自 2011 年开始，在中国建筑工业出版社的支持下，我们和作者一起共同对全套教材陆续实施修订工作，包括对内容的更新、补充、完善和增加新种类，使之更加符合行业发展的需要，更加适合行业人才培养的需要。

本套教材在修订过程中，仍然立足于突出建筑装饰装修行业的特点，加强建筑装饰装修施工项目管理理论知识的系统性、准确性和先进性，强调理论与实践相结合，完善建筑装饰装修工程项目管理人员的知识结构，体现出较高的科学性、针对性和实用性。

本套教材的修订工作得到了多方关心和支持，在此谨向给予这套教材在使用过程中提出宝贵意见和建议的教师、学员和读者致以衷心的感谢！谨向给予我们重托并给予我们大力支持与指导的住房和城乡建设部相关主管部门和为此套教材出版发行给予大力支持的中国建筑工业出版社致以衷心的感谢！

中国建筑装饰协会培训中心

王燕鸣

2012 年 12 月

4

前　言

　　装饰装修工程的价格管理是指施工之前合理确定工程价格和在施工过程中有效控制工程的价格。具体来说就是在图纸出来之后根据图纸和有关技术标准和规范的要求做好工程价格的预算以及在投标及施工过程中做好投标价和成本的控制。要取得好的经济效益需做好从投标报价到竣工结算全过程的价格管理。无论是合理确定价格还是有效控制成本，其基本方法都是合理确定工程的量及其相应部分的单价，所以量价的合理确定和有效的控制就成为价格确定和控制的基本方法。目前，我国合理确定工程量主要有两种方法，即根据定额计量、根据图纸和建设工程工程量清单计价规范计量，定额计量既包含工程的净用量，也包含了工程的损耗量，而清单计价规范计量则只包括工程的净用量，不包括损耗量，这是两者的重点差别。此外，定额计量还包括了价格，而清单计量则只包括单纯的量，不含相应部分的单价。要做好工程价格的管理必须合理定量和有效确定单价，本书围绕这两个方面展开，在市场经济中，要有效确定单价需要价格管理者多关注市场中人工、材料和机械等的单价。本书根据最新颁布的国家规范《建设工程工程量清单计价规范》GB 50500—2013 和《房屋建筑与装饰工程工程量计算规范》GB 50854—2013 等编写。

　　本书的编写得到了中国建筑装饰协会培训中心王燕鸣主任和谷素雁老师的大力支持和帮助，在此表示衷心的感谢。王静提供了第十章的初稿，王静、关舜天和纪博雅在资料搜集和文字编辑以及排版等方面做了大量繁重的工作，在此一并表示感谢。

　　本书编写过程中参考了大量的资料未能一一列出，在此一并表示感谢。

　　本书在编写过程由于作者的能力和经验有限，肯定存在许多不足之处，恳请读者批评指正。

目　　录

第一章 装饰装修工程概预算概论

第一节 装饰装修工程费用的组成与计算

一、装饰装修工程费用组成

装饰装修工程的费用由直接费、间接费、利润和税金组成。直接费由直接工程费和措施费组成，间接费由规费和企业管理费组成，如图 1-1 所示。

二、装饰装修工程费用的计算

根据原建设部令第 107 号《建筑工程施工发包与承包计价管理办法》的规定，发包与承包价的计算方法分为工料单价法和综合单价法，其计价程序如下。

1. 工料单价法计价程序

工料单价法是计算出分部分项工程量后乘以工料单价，合计得到直接工程费，直接工程费汇总后再加措施费、间接费、利润和税金生成工程承发包价，其计算程序分为三种。

（1）以直接费为计算基础

以直接费为计算基础的工料单价法计价程序见表 1-1。

以直接费为计算基础的工料单价法计价程序 表 1-1

序 号	费用项目	计算方法	备 注
（1）	直接工程费	按预算表	
（2）	措施费	按规定标准计算	
（3）	小计（直接费）	（1）＋（2）	
（4）	间接费	（3）×相应费率	
（5）	利润	［（3）＋（4）］×相应利润率	
（6）	不含税造价	（3）＋（4）＋（5）	
（7）	含税造价	（6）×（1＋相应税率）	

（2）以人工费和机械费为计算基础

以人工费和机械费为计算基础的工料单价法计价程序见表 1-2。

以人工费和机械费为计算基础的工料单价法计价程序 表 1-2

序 号	费用项目	计算方法	备 注
（1）	直接工程费	按预算表	
（2）	其中人工费和机械费	按预算表	
（3）	措施费	按规定标准计算	
（4）	其中人工费和机械费	按规定标准计算	
（5）	小计（直接费）	（1）＋（3）	
（6）	人工费和机械费小计	（2）＋（4）	
（7）	间接费	（6）×相应费率	
（8）	利润	（6）×相应利润率	
（9）	不含税造价	（5）＋（7）＋（8）	
（10）	含税造价	（9）×（1＋相应税率）	

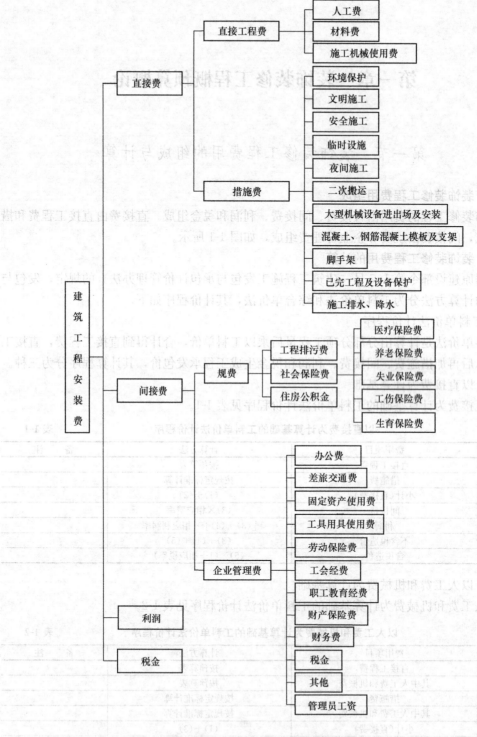

图 1-1　建安工程费用的组成

（3）以人工费为计算基础的工料单价法计价程序

以人工费为计算基础的工料单价法计价程序见表 1-3。

以人工费为计算基础的工料单价法计价程序   表 1-3

序　号	费用项目	计算方法	备　注
（1）	直接工程费	按预算表	
（2）	直接工程费中人工费	按预算表	
（3）	措施费	按规定标准计算	
（4）	措施费中人工费	按规定标准计算	
（5）	小计（直接费）	（1）＋（3）	
（6）	人工费小计	（2）＋（4）	
（7）	间接费	（6）×相应费率	
（8）	利润	（6）×相应利润率	
（9）	不含税造价	（5）＋（7）＋（8）	
（10）	含税造价	（9）×（1＋相应税率）	

2. 综合单价法计价程序

综合单价分为全费用综合单价和部分费用综合单价，全费用综合单价其单价内容包括直接工程费、措施费、间接费、利润和税金。由于大多数情况下措施费由投标人单独报价，而不包括在综合单价中，此时综合单价仅包括直接工程费、间接费、利润和税金。

综合单价如果是全费用综合单价，则综合单价乘以各分项工程量汇总后，就生成工程承发包价格。如果综合单价是部分费用综合单价，如综合单价不包括措施费，则综合单价乘以各分项工程量汇总后，还需加上措施费才得到工程承发包价格。

由于各分部分项工程中的人工、材料、机械含量的比例不同，各分项工程可根据其材料费占人工费、材料费、机械费合计的比例（以字母"C"代表该项比值）在以下三种计算程序中选择一种计算不含措施费的综合单价。

（1）当 $C > C_0$（C_0 为本地区原费用定额测算所选典型工程材料费占人工费、材料费和机械费合计的比例）时，可采用以人工费、材料费、机械费合计（直接工程费）为基数计算该分项的间接费和利润，见表 1-4。

以直接工程费为计算基础的综合单价法计价程序   表 1-4

序　号	费用项目	计算方法	备　注
（1）	分项工程直接工程费	人工费＋材料费＋机械费	
（2）	间接费	（1）×相应费率	
（3）	利润	［（1）＋（2）］×相应利润率	
（4）	不含税造价	（1）＋（2）＋（3）	
（5）	含税造价	（4）×（1＋相应税率）	

（2）当 $C < C_0$ 时，可采用以人工费和机械费合计为基数计算该分项的间接费和利润，见表 1-5。

以人工费和机械费为计算基础的综合单价法计价程序 　　表 1-5

序 号	费用项目	计算方法	备 注
(1)	分项直接工程费	人工费＋材料费＋机械费	
(2)	其中人工费和机械费	人工费＋机械费	
(3)	间接费	(2)×相应费率	
(4)	利润	(2)×相应利润率	
(5)	不含税造价	(1)＋(3)＋(4)	
(6)	含税造价	(5)×(1＋相应税率)	

（3）如该分项的直接工程费仅为人工费，无材料费和机械费时，可采用以人工费为基数计算该分项的间接费和利润，见表 1-6。

以人工费为计算基础的综合单价法计价程序 　　表 1-6

序 号	费用项目	计算方法	备 注
(1)	分项直接工程费	人工费＋材料费＋机械费	
(2)	直接工程费中的人工费	人工费	
(3)	间接费	(2)×相应费率	
(4)	利润	(2)×相应利润率	
(5)	不含税造价	(1)＋(3)＋(4)	
(6)	含税造价	(5)×(1＋相应税率)	

第二节　基本建设程序与工程计价

一、基本建设程序的概念

基本建设程序是对基本建设项目从酝酿、规划到建成投产所经历的整个过程中的各项工作开展先后顺序的规定。它反映工程建设各个阶段之间的内在联系和客观规律，是从事建设工作的各有关部门和人员都必须遵守的原则。

基本建设程序主要包括 8 个步骤。这些步骤的顺序不能任意颠倒，但可以合理交叉。具体步骤是：

1. 编制项目建议书和开展可行性研究。项目建议书是对建设项目的必要性和可行性进行初步研究，是对拟建项目的轮廓设想。可行性研究是在项目建议书经过批准后，通过对不同方案的分析比较，具体论证和评价项目在技术上的可行性、经济上的合理性和建设上的可能性。其内容可能包括技术方案评价、财务评价、环境影响评价、国民经济评价和社会影响评价等。可行性研究的最终成果是可行性研究报告，该报告是项目决策的依据。

2. 编制设计任务书。项目通过评估决策后即为立项。接下来应该进行设计准备，选择设计单位。可以通过设计竞赛或者设计招标等不同的方式选择设计单位，其中设计任务书是业主建设意图的表达，是选择设计单位和设计单位开展设计的重要依据，应该根据经过批准的可行性研究报告编制。

3. 进行设计。设计是将业主的意图在满足城市规划等条件下的具体化。我国的设计一般采用两阶段设计，即初步设计（方案设计）与施工图设计。技术复杂的项目，可在初步设计之后增加技术设计或者是扩大初步设计，按三个阶段进行。

4. 进行建设准备。包括征地拆迁，搞好"三通一平"（通水、通电、通道路、平整土地），通过招标选择施工力量，组织物资订货和供应，以及其他各项准备工作。

5. 组织施工。准备工作就绪后，提出开工报告，经过批准，即开工兴建；遵循施工程序，按照设计要求和施工技术及验收规范，进行施工安装。

6. 生产准备。生产性建设项目开始施工后，及时组织专门力量，有计划有步骤地开展生产准备工作。

7. 验收投产。按照规定的标准和程序，对竣工工程进行验收，编制竣工验收报告和竣工决算，并办理固定资产交付生产使用的手续。

8. 项目后评价。项目完工后对整个项目的造价、工期、质量、安全等指标进行分析评价或与类似项目进行对比。

小型建设项目，建设程序可以简化。

二、工程计价文件的分类

工程建设计价文件包括：投资估算、设计概算、施工图预算、竣工结算和竣工决算。

1. 投资估算

投资估算是指在项目建议书和可行性研究阶段，由建设单位根据投资估算指标对建设项目投资数额进行估计的文件。投资估算总额是指从筹建、施工直至建成投产的全部建设费用。投资估算一般较为粗略，一般根据平方米、立方米、产量等指标进行估算，是控制设计概算的重要依据。

2. 设计概算

设计概算是在工程初步设计或扩大初步设计阶段，根据初步设计或扩大初步设计图纸及技术文件、概算指标或概算定额及有关取费标准等编制的计价文件。设计概算一般由设计单位编制。设计总概算一般包括各个单项工程设计概算、工程建设其他费用概算、建设期利息和预备费等。设计概算是控制施工图预算的重要依据。

3. 施工图预算

施工图预算是指在施工图设计完成以后，按照主管部门制定的预算定额、费用定额和其他取费文件等编制的单位工程或单项工程预算价格的文件。

4. 竣工结算

竣工结算是指建设工程项目完工并经验收合格后，对所完成的项目进行的全面工程结算。工程完工后，发、承包双方应在合同约定时间内办理工程竣工结算，工程竣工结算由承包人或受其委托具有相应资质的工程造价咨询人编制，由发包人或受其委托具有相应资质的工程造价咨询人核对。

5. 竣工决算

竣工决算是建设工程经济效益的全面反映，是项目法人核定各类新增资产价值、办理其交付使用的依据。通过竣工决算，一方面能够正确反映建设工程的实际造价和投资结果；另一方面可以通过竣工决算与概算、预算的对比分析，考核投资控制的工作成效，总结经验教训，积累技术经济方面的基础资料，提高未来建设工程的投资效益。

工程计价和基本建设程序的关系如图 1-2 所示。

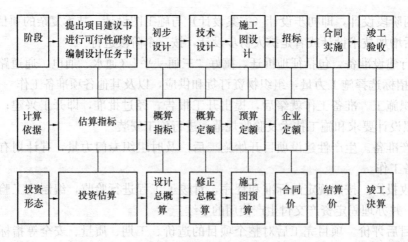

图 1-2　工程建设多次计价过程

第三节　装饰装修工程计价与成本控制的基本方法

一、定额计价的基本程序

工程定额计价模式实际上是国家通过颁布统一的计价定额或指标，对建筑产品价格进行有计划的管理。国家以假定的建筑安装产品为对象，制定统一的概算和预算定额，计算出每一单元子项的费用后，再综合形成整个工程的价格。工程计价的基本程序如图 1-3 所示。

从图 1-3 中可以看出，计算工程造价最基本的过程有两个：工程量计算和工程计价。为统一口径，工程量的计算均按照统一项目划分和工程量计算规则计算。定额计价的特点就是量与价的结合。概预算的单位价格的形成过程，就是依据概预算定额所确定的消耗量乘以定额单价或市场价，经过不同层次的计算达到量与价的结合过程。

定额计价的基本过程和公式表示如下：

每一计量单位建筑产品的基本构造要素的直接工程费单价＝人工费＋材料费＋施工机械使用费

式中　人工费＝Σ（人工工日数量×人工日工资标准）

　　　材料费＝Σ（材料用量×材料基价）＋检验试验费

　　　机械使用费＝Σ（机械台班用量×台班单价）

　　　单位工程直接费＝Σ（假定建筑产品工程量×直接工程费单价）＋措施费

　　　单位工程概预算造价＝单位工程直接费＋间接费＋利润＋税金

　　　单项工程概算造价＝Σ单项工程概预算造价＋设备、工器具购置费

　　　建设项目全部工程概算造价＝Σ单项工程的概预算造价＋预备费＋有关的其他费用

二、工程量清单计价的基本方法和程序

工程量清单计价的基本过程可以描述为：在统一的工程量清单项目设置的基础上，制定工程量清单计量规则，根据具体工程的施工图纸计算出各个清单项目的工程量，再根据各种渠道所获得的工程造价信息和经验计算得到工程造价。这一基本的计算过程如图 1-4 所示。

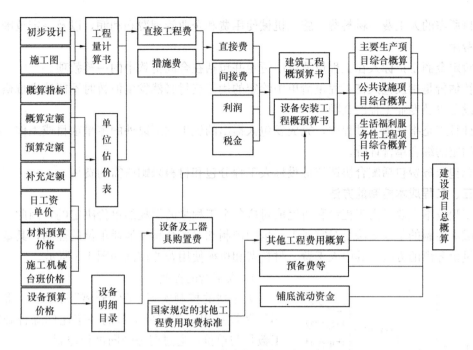

图 1-3　工程造价定额计价程序示意图

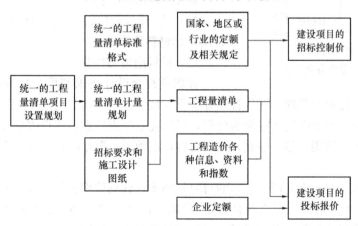

图 1-4　工程量清单计价过程示意图

工程量清单计价可以分为两个阶段：工程量清单的编制和利用工程量清单来编制投标报价(或招标控制价)。投标报价是在业主提供的工程量计算结果的基础上，根据企业自身所掌握的各种信息、资料，结合企业定额编制得出的。其计价过程如下：

分部分项工程费＝Σ分部分项工程量×相应分部分项综合单价

措施项目费＝Σ各项措施项目费

其他项目费＝暂列金额＋暂估价＋计日工＋总承包服务费

单位工程报价＝分部分项工程费＋措施项目费＋其他项目费＋规费＋税金

单项工程报价＝Σ单位工程报价

建设项目总报价＝Σ单项工程报价

式中的综合单价是指完成一个规定计量单位的分部分项工程量清单项目或措施项目清

单项目所需的人工费、材料费、施工机械使用费和企业管理费和利润，以及一定范围内的风险费用。

暂定金额是招标人在工程量清单中暂定并包括在合同价款中的一笔款项。

暂估价是指发包人在工程量清单中给定的用于支付必然发生但暂时不能确定价格的材料、设备以及专业工程的金额。

计日工是指在施工过程中，完成发包人提出的施工图纸以外的零星项目或工作，按合同中约定的综合单价计价。

总包服务费包括配合协调招标投标人工程分包和材料采购所需的费用。

三、工程成本控制的方法

工程成本主要是由工程量和所完成对应各个工程量的消耗的单价决定的，因此，工程项目成本控制的基本方法是对完成工程量的控制和对各个具体消耗单价的控制，其基本方法是量价分离的方法。其中人工费、材料费和机械使用费的控制如图1-5所示。

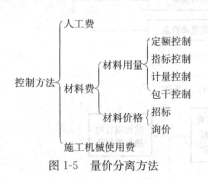

图1-5 量价分离方法

1. 人工费的控制

人工费的控制实行"量价分离"的方法，将作业用工及零星用工按定额工日的一定比例综合确定用工数量与单价，通过劳务合同进行控制。

2. 材料费的控制

材料费控制同样按照"量价分离"原则，控制材料用量和材料价格。

（1）材料用量的控制

在保证符合设计要求和质量标准的前提下，合理使用材料，通过定额管理、计量管理等手段有效控制材料物资的消耗，具体方法如下：

①定额控制。对于有消耗定额的材料，以消耗定额为依据，实行限额发料制度。在规定限额内分期分批领用，超过限额领用的材料，必须先查明原因，经过一定审批手续方可领料。

②指标控制。对于没有消耗定额的材料，则实行计划管理和按指标控制的方法。根据以往项目的实际耗用情况，结合具体施工项目的内容和要求，制定领用材料指标，据以控制发料。超过指标的材料，必须经过一定的审批手续方可领用。

③计量控制。准确做好材料物资的收发计量检查和投料计量检查。

④包干控制。在材料使用过程中，对部分小型及零星材料(如钢丝、钢钉等)根据工程量计算出所需材料量，将其折算成费用，由作业者包干控制。

（2）材料价格的控制

材料价格主要由材料采购部门控制。由于材料价格是由买价、运杂费、运输中的合理损耗等所组成。因此控制材料价格，主要是通过掌握市场信息，应用招标和询价等方式控制材料、设备的采购价格。

3. 施工机械使用费的控制

施工机械使用费主要由台班数量和台班单价两方面决定。合理选择施工机械设备，合理使用施工设备对成本控制具有十分重要的意义，尤其是高层建筑施工。据某些工程实例统计，高层建筑地面以上部分的总费用中，垂直运输机械费用约占6%～10%。由于不同的起重运输机械各有不同的用途和特点，因此在选择起重运输机械时，首先应根据工程特点和施工条件确定采取何种不同起重运输机械的组合方式。在确定采用何种组合方式时，首先应满足施工需要，同时还要考虑到费用的高低和综合经济效益。

四、工程计价与成本费用控制的基本方法

工程造价计价就是指按照规定的计算程序和方法，用货币数量表示项目的价值。无论是工程定额计价还是工程量清单计价方法，它们的工程造价计价都是一种从上而下的分部组合计价方法。

工程造价计价的基本原理就在于项目分解与组合。建设项目是兼具单件性与多样性的集合体。因为有单件性，所以每一项目只能采用特殊的计价程序和计价方法，即将整个项目进行分解，划分为可以按有关技术经济参数测算价格的基本构造要素，这样就很容易地计算出基本构造要素的费用。

工程造价的主要思路就是将建设项目细分至最基本的构成单位，用其工程量与相应单价相乘后汇总，即为整个建设工程造价。

工程造价计价的基本原理是：

$$工程造价＝\Sigma\left[单位工程基本构造要素工程量（分项工程）×相应单价\right]$$

上述公式无论是对定额计价还是对清单计价都是有效的。而对于成本费用控制来说，要想控制住总的成本费用，必须先控制住各个分部分项工程的费用，要控制住各个分部分项工程的费用，必须先控制住分部分项工程的量和对应的单价。

第二章 装饰装修工程预算的编制

第一节 施工图预算的作用和编制依据

一、施工图预算的作用

施工图预算是指在施工图设计完成以后，按照主管部门制定的预算定额、费用定额和其他取费文件等编制的单位工程或单项工程预算价格的文件。

1. 施工图预算对建设单位的作用

（1）施工图预算是施工图设计阶段确定建设工程项目造价的依据，是设计文件的组成部分。

（2）施工图预算是建设单位在施工期间安排建设资金计划和使用建设资金的依据。建设单位按照施工组织设计、施工工期、施工顺序、各个部分预算造价安排建设资金计划，确保资金有效使用，保证项目建设顺利进行。

（3）施工图预算是招投标的重要基础，既是工程量清单的编制依据，也是标底编制的依据。招标投法实施以后，市场竞争日趋激烈，特别是推行工程量清单计价方法后，传统的施工图预算在投标报价中的作用将逐渐弱化；但是，由于现阶段人们对工程量清单计价方法掌握能力有限，施工图预算还在招投标中大量应用，是招投标的重要基础，施工图预算的原理、依据、方法和编制程序，仍是投标报价的重要参考资料。同时，现阶段工程量清单计价基础资料系统还没有建立起来，特别是投标企业还没有自己的企业定额，预算定额、预算编制模式和方法是工程量清单的编制依据。对于建设单位来说，标底的编制是以施工图预算为基础的，通常是在施工图预算的基础上考虑工程特殊施工措施费、工程质量要求、目标工期、招标工程的范围、自然条件等因素编制的。采用工程量清单计价方法招投标，其计价基础还是预算定额，计价方法还是预算方法，所以施工图预算是标底编制的依据。

（4）施工图预算是拨付进度款及办理结算的依据。

2. 施工图预算对施工单位的作用

（1）施工图预算是确定投标报价的依据。在竞争激烈的建筑市场，施工单位需要根据施工图预算造价，结合企业的投标策略，确定投标报价。

（2）施工图预算是施工单位进行施工准备的依据，是施工单位在施工前组织材料、机具、设备及劳动力供应的重要参考，是施工单位编制进度计划、统计完成工作量、进行经济核算的参考依据。施工图预算的工、料、机分析为施工单位材料购置、劳动力及机具和设备的配备提供参考。

（3）施工图预算是控制施工成本的依据。根据施工图预算确定的中标价格是施工单位收取工程款的依据，施工单位只有合理利用各项资源，采取技术措施、经济措施和组织措施降低成本，将成本控制在施工图预算以内，施工单位才能获得良好的经济效益。

3. 施工图预算对其他方面的作用

（1）对于工程咨询单位而言，尽可能客观、准确地为委托方做出施工图预算，是其业务水平、素质和信誉的体现。

（2）对于工程造价管理部门而言，施工图预算是监督检查执行定额标准、合理确定工程造价、测算造价指数及审定招标工程标底的重要依据。

二、施工图预算的编制依据

施工图预算的编制依据主要包括以下方面：

1. 国家、行业、地方政府发布的计价依据等有关法律法规或规定；

2. 建设项目有关文件、合同、协议等；

3. 批准的设计概算；

4. 批准的施工图设计图纸及相关标准图集和规范；

5. 相应预算定额和地区单位估价表；

6. 合理的施工组织设计和施工方案等文件；

7. 项目有关的设备、材料供应合同、价格及相关说明书；

8. 项目所在地区有关的气候、水文、地质地貌等的自然条件；

9. 项目的技术复杂程度，以及新技术、专利使用情况等；

10. 项目所在地区有关的经济、人文等社会条件。

第二节 施工图预算的编制方法

建设工程项目施工图预算由总预算、综合预算和单位工程预算组成。建设工程项目总预算由综合预算汇总而成；综合预算由组成本单项工程的单位工程预算汇总而成；单位工程预算包括建筑工程预算和设备及安装工程预算。

一、定额单价法

定额单价法是用事先编制好的分项工程的单位估价表来编制施工图预算的方法。根据施工图设计文件和预算定额，按分部分项工程顺序先计算出分项工程量，然后乘以对应的定额单价，求出分项工程直接工程费；将分项工程直接工程费汇总为单位工程直接工程费；直接工程费汇总后加措施费、间接费、利润、税金生成单位工程的施工图预算。

定额单价法编制施工图预算的基本步骤如下。

1. 准备资料，熟悉施工图纸

准备施工图纸、施工组织设计、施工方案、现行建筑安装定额、取费标准、统一工程量计算规则和地区材料预算价格等各种资料。在此基础上详细了解施工图纸，全面分析工程各分部分项工程，充分了解施工组织设计和施工方案，注意影响费用的关键因素。

2. 计算工程量

工程量计算一般按如下步骤进行：

（1）根据工程内容和定额项目，列出需计算工程量的分部分项工程。

（2）根据一定的计算顺序和计算规则，列出分部分项工程量的计算式。

（3）根据施工图纸上的设计尺寸及有关数据，代入计算式进行数值计算。

（4）对计算结果的计量单位进行调整，使之与定额中相应的分部分项工程的计量单位保持一致。

3. 套用定额单价，计算直接工程费

核对工程量计算结果后，利用地区统一单位估价表中的分项工程定额单价，计算出各分项工程合价，汇总求出单位工程直接工程费。

单位工程直接工程费计算公式如下：

$$单位工程直接工程费＝\Sigma（分项工程量×定额单价）$$

计算直接工程费时需注意以下几项内容：

（1）分项工程的名称、规格、计量单位与定额单价或单位估价表中所列内容完全一致时，可以直接套用定额单价。

（2）分项工程的主要材料品种与定额单价或单位估价表中规定材料不一致时，不可以直接套用定额单价；需要按实际使用材料价格换算定额单价。

（3）分项工程施工工艺条件与定额单价或单位估价表不一致而造成人工、机械的数量增减时，一般调量不调价。

（4）分项工程不能直接套用定额、不能换算和调整时，应编制补充单位估价表。

4. 编制工料分析表

根据各分部分项工程项目实物工程量和预算定额项目中所列的用工及材料数量，计算各分部分项工程所需人工及材料数量，汇总后算出该单位工程所需各类人工、材料的数量。

5. 按计价程序计取其他费用，并汇总造价

根据规定的税率、费率和相应的计取基础，分别计算措施费、间接费、利润、税金。将上述费用累计后与直接工程费进行汇总，求出单位工程预算造价。措施费、间接费、利润、税金的计取程序见第一章第一节装饰装修工程费用项目的组成与计算。

6. 复核

对项目填列、工程量计算公式、计算结果、套用的单价、采用的取费费率、数字计算、数据精确度等进行全面复核，以便及时发现差错，及时修改，提高预算的准确性。

7. 编制说明、填写封面

编制说明主要应写明预算所包括的工程内容范围、依据的图纸编号、承包方式、有关部门现行的调价文件号、套用单价需要补充说明的问题及其他需说明的问题等。封面应写明工程编号、工程名称、预算总造价和单方造价、编制单位名称、负责人、编制日期以及审核单位的名称、负责人和审核日期等。

定额单价法的编制步骤可参见图 2-1 所示。

图 2-1 定额单价法的编制步骤

二、定额实物量法

实物量法是依据施工图纸和预算定额的项目划分及工程量计算规则，先计算出分部分

项工程量，然后套用预算定额（实物量定额）来编制施工图预算的方法。

用实物量法编制施工图预算，主要是先用计算出的各分项工程的实物工程量，分别套取预算定额中工、料、机消耗指标，并按类相加，求出单位工程所需的各种人工、材料、施工机械台班的总消耗量，然后分别乘以当时当地各种人工、材料、机械台班的单价，求得人工费、材料费和施工机械使用费，再汇总求和。对于措施费、利润和税金等费用的计算则根据当时当地建筑市场供求情况予以具体确定。

采用实物量法编制施工图预算的步骤具体如下。

1. 准备资料、熟悉施工图纸

全面收集各种人工、材料、机械的当时当地的实际价格，应包括不同品种、不同规格的材料预算价格；不同工种、不同等级的人工工资单价；不同种类、不同型号的机械台班单价等。要求获得的各种实际价格应全面、系统、真实、可靠。具体可参考定额单价法相应步骤的内容。

2. 计算工程量

本步骤的内容与定额单价法相同，不再赘述。

3. 套用消耗定额，计算工料机消耗量

定额消耗量中的"量"在相关规范和工艺水平等未有较大变化之前具有相对稳定性，据此确定符合国家技术规范和质量标准要求，并反映当时施工工艺水平的分项工程计价所需的人工、材料、施工机械的消耗量。

根据预算人工定额所列各类人工工日的数量，乘以各分项工程的工程量，计算出各分项工程所需各类人工工日的数量，统计汇总后确定单位工程所需的各类人工工日消耗量。同理，根据材料预算定额、机械预算台班定额分别确定出单位工程各类材料消耗数量和各类施工机械台班数量。

4. 计算并汇总人工费、材料费、机械使用费

根据当时当地工程造价管理部门定期发布的或企业根据市场价格确定的人工工资单价、材料预算价格、施工机械台班单价分别乘以人工、材料、机械消耗量，汇总即为单位工程人工费、材料费和施工机械使用费。计算公式为：

单位工程直接工程费＝Σ（工程量×材料预算定额用量×当时当地材料预算价格）＋Σ（工程量×人工预算定额用量×当时当地人工工资单价）＋Σ（工程量×施工机械预算定额台班用量×当时当地机械台班单价）

5. 计算其他各项费用，汇总造价

对于措施费、间接费、利润和税金等的计算，可以采用与定额单价法相似的计算程序，只是有关的费率是根据当时当地建筑市场供求情况予以确定。将上述单位工程直接工程费与措施费、间接费、利润、税金等汇总即为单位工程造价。

6. 复核

检查人工、材料、机械台班的消耗量计算是否准确，有无漏算、重算或多算；套取的定额是否正确；检查采用的实际价格是否合理。其他内容可参考定额单价法相应步骤的介绍。

7. 编制说明、填写封面

本步骤的内容和方法与定额单价法相同。

实物量法的编制步骤可参见图 2-2 所示。

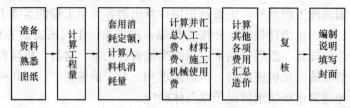

图 2-2 实物量法的编制步骤

实物量法编制施工图预算的步骤与定额单价法基本相似，但在具体计算人工费、材料费和机械使用费及汇总三种费用之和方面有一定区别。实物量法编制施工图预算所用人工、材料和机械台班的单价都是当时当地的实际价格，编制出的预算可较准确地反映实际水平，误差较小，适用于市场经济条件波动较大的情况。由于采用该方法需要统计人工、材料、机械台班消耗量，还需搜集相应的实际价格，因而工作量较大、计算过程繁琐。

三、综合单价法编制预算的步骤

1. 工程量清单计价基本过程

《建设工程工程量清单计价规范》规定，国有资金投资或者国有资金投资为主的建设工程项目应该采用工程量清单方式招标，而利用工程量清单计价采用的是综合单价。工程量清单计价的过程如图 2-3 所示。

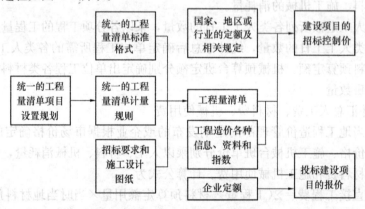

图 2-3 清单计价过程示意图

由图 2-3 可见，工程量清单计价过程基本上分为清单编制过程和根据清单报价两个基本过程。采用工程量清单方式招标，工程量清单必须作为招标文件的组成部分，由招标人提供，并对其准确性和完整性负责。一经中标签订合同，工程量清单即为合同的组成部分。

2. 综合单价的组成

综合单价是完成一个规定计量单位的分部分项工程量清单项目或措施项目所需的人工费、材料费、施工机械使用费、企业管理费和利润，并且要考虑一定风险费用。

综合单价＝人工费＋材料费＋施工机械使用费＋管理费＋利润

3. 综合单价法预算的编制步骤

（1）按照各专业工程工程量计算规范中的工程量计算规则来计算工程量，并由此形成工程量清单。

（2）估算分部分项工程单价。

（3）汇总分部分项工程造价。

（4）将汇总的分部分项工程造价，加上措施项目费、其他项目费、规费和税金等，生成总造价。

<h2>第三节　施工图预算的审查</h2>

一、施工图预算审查的内容

施工图预算审查的重点是工程量计算是否准确，定额套用、各项取费标准是否符合现行规定或单价计算是否合理等方面。审查的主要内容如下：

1. 审查施工图预算的编制是否符合现行国家、行业、地方政府有关法律、法规和规定要求。

2. 审查工程量计算的准确性、工程量计算规则与计价规范规则或定额规则的一致性。

3. 审查在施工图预算的编制过程中，各种计价依据使用是否恰当，各项费率计取是否正确；审查依据主要有施工图设计资料、有关定额、施工组织设计、有关造价文件规定和技术规范、规程等。

4. 审查各种要素市场价格选用是否合理。

5. 审查施工图预算是否超过设计概算以及进行偏差分析。

二、施工图预算审查的步骤

1. 审查前准备工作

（1）熟悉施工图纸。施工图纸是编制与审查预算的重要依据，必须全面熟悉了解。

（2）根据预算编制说明，了解预算包括的工程范围。如配套设施、室外管线、道路以及会审图纸后的设计变更等。

（3）弄清所用单位估价表的适用范围，搜集并熟悉相应的单价、定额资料。

2. 选择审查方法、审查相应内容

工程规模、繁简程度不同，编制施工图预算的繁简和质量就不同，应选择适当的审查方法进行审查。

3. 整理审查资料并调整定案

综合整理审查资料，同编制单位交换意见，定案后编制调整预算。经审查若发现差错，应与编制单位协商，统一意见后进行相应增加或减少的修正。

三、施工图预算审查的方法

施工图预算的审查可采用全面审查法、标准预算审查法、分组计算审查法、对比审查法、筛选审查法、重点审查法、分解对比审查法等。

1. 全面审查法

全面审查法又称逐项审查法，即按定额顺序或施工顺序，对各项工程细目逐项全面详细审查的一种方法。其优点是全面、细致，审查质量高、效果好。缺点是工作量大，时间较长。这种方法适合于一些工程量较小、工艺比较简单的工程。

2. 标准预算审查法

标准预算审查法就是对利用标准图纸或通用图纸施工的工程，先集中力量编制标准预算，以此为准来审查工程预算的一种方法。按标准设计图纸施工的工程，一般上部结构和做法相同，只是根据现场施工条件或地质情况不同，仅对基础部分做局部改变。凡这样的工程，以标准预算为准，对局部修改部分单独审查即可，不需逐一详细审查。该方法的优点是时间短、效果好、易定案。其缺点是适用范围小，仅适用于采用标准图纸的工程。

3. 分组计算审查法

分组计算审查法就是把预算中有关项目按类别划分若干组，利用同组中的一组数据审查分项工程量的一种方法。这种方法首先将若干分部分项工程按相邻且有一定内在联系的项目进行编组，利用同组分项工程间具有相同或相近计算基数的关系，审查一个分项工程数据，由此判断同组中其他几个分项工程的准确程度。如一般的建筑工程中将底层建筑面积可编为一组。先计算底层建筑面积或楼（地）面面积，从而得知楼面找平层、天棚抹灰的工程量等，依次类推。该方法特点是审查速度快、工作量小。

4. 对比审查法

对比审查法是当工程条件相同时，用已完工程的预算或未完但已经过审查修正的工程预算对比审查拟建工程的同类工程预算的一种方法。采用该方法一般须符合下列条件。

（1）拟建工程与已完或在建工程预算采用同一施工图，但基础部分和现场施工条件不同，则相同部分可采用对比审查法。

（2）工程设计相同，但建筑面积不同，两工程的建筑面积之比与两工程各分部分项工程量之比大体一致。此时可按分项工程量的比例，审查拟建工程各分部分项工程的工程量，或用两工程每 m^2 建筑面积造价、每 m^2 建筑面积的各分部分项工程量对比进行审查。

（3）两工程面积相同，但设计图纸不完全相同，则相同的部分，如厂房中的柱子、屋架、屋面、砖墙等，可进行工程量的对照审查。对不能对比的分部分项工程可按图纸计算。

5. 筛选审查法

"筛选"是能较快发现问题的一种方法。建筑工程虽面积和高度不同，但其各分部分项工程的单位建筑面积指标变化却不大。将这样的分部分项工程加以汇集、优选，找出其单位建筑面积工程量、单价、用工的基本数值，归纳为工程量、价格、用工三个单方基本指标，并注明基本指标的适用范围。这些基本指标用来筛选各分部分项工程，对不符合条件的应进行详细审查，若审查对象的预算标准与基本指标的标准不符，就应对其进行调整。

"筛选法"的优点是简单易懂、便于掌握、审查速度快、便于发现问题。但问题出现的原因尚需继续审查。该方法适用于审查住宅工程或不具备全面审查条件的工程。

6. 重点审查法

重点审查法就是抓住施工图预算中的重点进行审核的方法。审查的重点一般是工程量大或者造价较高的各种工程、补充定额、计取的各项费用（计费基础、取费标准）等。重点审查法的优点是突出重点，审查时间短、效果好。

第三章 建设工程工程量清单计价

第一节 建设工程工程量清单计价概述

一、工程量清单计价规则概述

工程量清单计价规则由《建设工程工程量清单计价规范 GB 50500—2013》（以下简称《计价规范》）和各专业工程工程量计算规范（以下简称《计算规范》）组成。《计价规范》由总则、术语、一般规定、工程量清单编制、招标控制价、投标报价、合同价款约定、工程计量、合同价款调整、合同价款期中支付、竣工结算与支付、合同解除的价款结算与支付、合同价款争议的解决、工程造价鉴定、工程计价资料与档案、工程计价表格共 16 部分和附录组成。《计算规范》由总则、术语、工程计量、工程量清单编制和附录组成。本书中的《计算规范》主要指《房屋建筑与装饰工程工程量计算规范》GB 50854—2013。

二、工程量清单的概念

工程量清单是载明建设工程分部分项工程项目、措施项目、其他项目的名称和相应数量以及规费、税金项目等内容的明细清单。工程量清单是工程量清单计价的基础，它贯穿于建设工程的招投标阶段和施工阶段，是编制招标控制价、投标报价、计算工程量、支付工程款、调整合同价款、工程索赔、工程签证和办理竣工结算等的依据。工程量清单由分部分项工程量清单、措施项目清单、其他项目清单、规费项目清单、税金项目清单等组成。

三、工程量清单的作用

工程量清单的主要作用如下：

1. 工程量清单为投标人的投标竞争提供了一个平等和共同的基础

工程量清单是由招标人负责编制，将要求投标人完成的工程项目及其相应工程实体数量全部列出，为投标人提供拟建工程的基本内容、实体数量和质量要求等的基础信息。这样，在建设工程的招标投标中，投标人的竞争活动就有了一个共同基础，投标人机会均等，受到的待遇是公正和公平的。

2. 工程量清单是建设工程计价的依据

在招标投标过程中，招标人根据工程量清单编制招标工程的招标控制价；投标人按照工程量清单所表述的内容，依据企业定额计算投标价格，自主填报工程量清单所列项目的单价与合价。

3. 工程量清单是工程付款和结算的依据

在施工阶段，发包人根据承包人完成的工程量清单中规定的内容以及合同单价支付工程款。工程结算时，承发包双方按照工程量清单计价表中的序号对已实施的分部分项工程或计价项目，按合同单价和相关合同条款核算结算价款。

4. 工程量清单是调整工程价款、处理工程索赔的依据在发生工程变更和工程索赔时，可以选用或者参照工程量清单中的分部分项工程或计价项目及合同单价来确定变更价款和索赔费用。

第二节 工程量清单的编制

一、编制工程量清单的依据

编制工程量清单应依据：

1.《计价规范》和《计算规范》；

2. 国家或省级、行业建设主管部门颁发的计价定额和办法；

3. 建设工程设计文件及相关资料；

4. 与建设工程项目有关的标准、规范、技术资料；

5. 招标文件及其补充通知、答疑纪要；

6. 施工现场情况、地勘水文资料、工程特点及常规施工方案；

7. 其他相关资料。

二、分部分项工程量清单的编制

分部分项工程量清单应包括项目编码、项目名称、项目特征、计量单位和工程量五个部分，分部分项工程量清单必须根据现行国家《计算规范》规定的项目编码、项目名称、项目特征、计量单位和工程量计算规则进行编制。

分部分项工程项目清单是招标工程量清单中描述实体项目的表格，其中分部工程是单位工程的组成部分。单位工程可以按照专业性质和建筑部位划分为若干分部工程。分项工程是分部工程的组成部分，可以按照主要工种、材料、施工工艺、设备类别等将分部工程划分为若干分项工程。

分部分项工程量清单与计价表   表 3-1

工程名称：   标段：   第 页 共 页

序号	项目编码	项目名称	项目特征描述	计量单位	工程量	金额（元）		
						综合单价	合价	其中
								暂估价

注：为计取规费等的使用，可在表中增设其中："定额人工费"。

1. 项目编码的设置

项目编码是分部分项工程量清单项目名称的数字标识。分部分项工程量清单项目编码以五级编码设置，采用十二位阿拉伯数字表示。一至九位应按《计算规范》附录的规定统一设置，十至十二位应根据拟建工程的工程量清单项目名称设置，同一招标工程的项目编码不得有重码。各级编码代表的含义如下：

（1）第一级为工程分类顺序码（分二位）：建筑工程为 01、装饰装修工程为 02、安装工程为 03、市政工程为 04、园林绿化工程为 05、矿山工程为 06；

（2）第二级为专业工程顺序码（分二位）；

（3）第三级为分部工程顺序码（分二位）；

（4）第四级为分项工程项目顺序码（分三位）；

（5）第五级为工程量清单项目顺序码（分三位）。

项目编码结构如图 3-1 所示（以房屋建筑工程与装饰装修工程为例）。

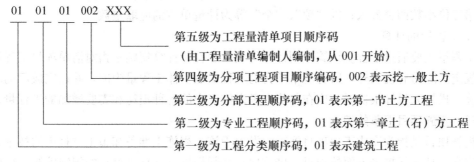

图 3-1　工程量清单编码结构

2. 项目名称的确定

分部分项工程量清单的项目名称应根据《计算规范》附录的项目名称结合拟建工程的实际确定。《计算规范》附录表中的"项目名称"为分项工程项目名称，是形成分部分项工程量清单项目名称的基础。在编制工程量清单时，应以附录中的项目名称为基础，考虑该项目的规格、型号、材质等特征要求，并结合拟建工程的实际情况，使其工程量清单项目名称具体化、细化，以反映影响工程造价的主要因素。如编号为"010402001"的项目名称为"矩形柱"，可根据拟建工程的实际情况写成"C30 现浇混凝土矩形柱 400×400"。

3. 项目特征的描述

项目特征是指构成分部分项工程项目、措施项目自身价值的本质特征。

项目特征是对项目的准确描述，是确定一个清单项目综合单价不可缺少的重要依据，是区分清单项目的依据，是履行合同义务的基础。分部分项工程量清单的项目特征应按《计算规范》附录中规定的项目特征，结合技术规范、标准图集、施工图纸，按照工程结构、使用的材质及规格或安装位置等，予以详细而准确的表述和说明。凡项目特征中未描述到的其他独有特征，由清单编制人视项目具体情况确定，以准确描述清单项目为准。

《计算规范》附录中还有关于各清单项目"工程内容"的描述。工程内容是指完成清单项目可能发生的具体工作和操作程序；但应注意的是，在编制分部分项工程量清单时，工程内容通常无需描述，因为在《计算规范》中，工程量清单项目与工程量计算规则、工程内容有一一对应关系，当采用《计算规范》这一标准时，工程内容均有规定。

4. 计量单位的选择

分部分项工程量清单的计量单位应按《计算规范》附录中规定的计量单位确定。当计量单位有两个或两个以上时，应根据所编工程量清单项目的特征要求，选择最适宜表述该项目特征并方便计量的单位。除各专业另有特殊规定外，均按以下基本单位计量：

（1）以重量计算的项目——吨或千克（t 或 kg）；

（2）以体积计算的项目——立方米（m³）；

（3）以面积计算的项目——平方米（m²）；

（4）以长度计算的项目——米（m）；

（5）以自然计量单位计算的项目——个、套、块、组、台等；

(6) 没有具体数量的项目——宗、项等。

计量单位的有效值数应遵循下列规定：以 "t" 为计量单位的应保留小数点后三位数，第四位小数四舍五入；以 "m³"、"m²"、"m"、"kg" 为计量单位的应保留小数点后二位数，第三位小数四舍五入；以 "项"、"个" 等为计量单位的应取整数。

5. 工程量的计算

工程量主要通过工程量计算规则计算得到。工程量计算规则是指对清单项目工程量的计算规定。除另有说明外，所有清单项目的工程量以实体工程量为准，并以完成后的净值来计算。投标人投标报价时，应在单价中考虑施工中的各种损耗和需要增加的工程量。

三、措施项目清单的编制

措施项目是指为完成工程项目施工，发生于该工程施工准备和施工过程中的技术、生活、安全、环境保护等方面的项目。措施项目必须根据《计算规范》的规定编制。措施项目清单应根据拟建工程的实际情况列项。例如《房屋建筑与装饰装修工程工程量计算规范》中有脚手架工程、混凝土模板及支架（撑）、垂直运输、超高施工增加、大型机械设备进出场及安拆、施工排水、降水、安全文明施工及其他措施项目等。

《计算规范》将措施项目划分为两类：一类是不能计算工程量的项目，如文明施工和安全防护、临时设施等，就以 "项" 计价，称为 "总价项目"；另一类是可以计算工程量的项目，如脚手架、降水工程等，就以 "量" 计价，更有利于措施费的确定和调整，称为 "单价项目"。如表 3-2 和表 3-3 所示。

总价措施项目清单与计价表   表 3-2

工程名称：   标段：   第 页 共 页

序号	项目编码	项目名称	计算基础	费率（%）	金额（元）	调整费率（%）	调整后金额（元）	备注
		安全文明施工费						
		夜间施工增加费						
		二次搬运费						
		冬雨季施工增加费						
		已完工程及设备保护费						
		合　计						

编制人（造价人员）：   复核人（造价工程师）：

注：1. "计算基础" 中安全文明施工费可为 "定额基价"、"定额人工费" 或 "定额人工费＋定额机械费"，其他项目可为 "定额人工费" 或 "定额人工费＋定额机械费"；

  2. 按施工方案计算的措施费，若无 "计算基础" 和 "费率" 的数值，也可只填 "金额" 的数值，但应在备注栏说明施工方案出处或计算方法。

分部分项工程和单价措施项目清单与计价表   表 3-3

工程名称：   标段：   第 页 共 页

序号	项目编码	项目名称	项目特征描述	计量单位	工程量	金　额		
						综合单价	合价	其中 暂估价
		本页小计						
		合　计						

注：为计取规费等的使用，可在表中增设其中："定额人工费"。

措施项目中可以计算工程量的项目清单应采用分部分项工程量清单的方式编制，列出项目编码、项目名称、项目特征、计量单位和工程量。

四、其他项目清单的编制

其他项目清单是指分部分项工程量清单、措施项目清单所包含的内容以外，因招标人的特殊要求而发生的与拟建工程有关的其他费用项目和相应数量的清单。工程建设标准的高低、工程的复杂程度、工程的工期长短、工程的组成内容、发包人对工程管理的要求等都直接影响其他项目清单的具体内容。因此，其他项目清单应根据拟建工程的具体情况，参照《计价规范》提供的下列 4 项主要内容列项：①暂列金额；②暂估价：包括材料（工程设备）暂估价/结算价、专业工程暂估价/结算价；③计日工；④总承包服务费。

出现《计价规范》未列的项目，可根据工程实际情况补充，如表 3-4 所示。

其他项目清单与计价汇总表　　　　　　　　　　表 3-4

工程名称：　　　　　　　　　　　标段：　　　　　　　　　　　第 页 共 页

序号	项目名称	金额（元）	结算金额（元）	备　注
1	暂列金额			
2	暂估价			
2.1	材料（工程设备）暂估价	—		
2.2	专业工程暂估价			
3	计日工			
4	总承包服务费			
	合　计		—	

注：材料（工程设备）暂估单价进入清单项目综合单价，此处不汇总。

1. 暂列金额

暂列金额是指招标人在工程量清单中暂定并包括在合同价款中的一笔款项。用于施工合同签订时尚未确定或者不可预见的所需材料、设备、服务的采购，施工中可能发生的工程变更、合同约定调整因素出现时的工程价款调整以及发生的索赔、现场签证确认等的费用，如表 3-5 所示。

暂列金额明细表　　　　　　　　　　　　表 3-5

工程名称：　　　　　　　　　　　标段：　　　　　　　　　　　第 页 共 页

序号	项目名称	计量单位	暂定金额（元）	备　注
1				
2				
3				
	合　计		—	

注：此表由招标人填写，如不能详列，也可只列暂定金额总额，投标人应将上述暂列金额计入投标总价中。

2. 暂估价

暂估价是指招标阶段直至签订合同协议时，招标人在招标文件中提供的用于支付必然发生但暂时不能确定价格的材料以及专业工程的金额。暂估价数量和拟用项目应当结合工程量清单中的"暂估价表"予以补充说明。

为了方便合同管理，需要纳入分部分项工程项目清单综合单价中的暂估价应只是材料、工程设备费，以方便投标人组价。

专业工程的暂估价应是综合暂估价，包括除规费和税金以外的管理费、利润等。总承包招标时，专业工程设计深度往往不够，一般需要交由专业设计人设计，出于提高可建造性考虑，按照国际惯例，一般由专业承包人负责设计，以发挥其专业技能和专业施工经验的优势。这类专业工程交由专业分包人完成是国际工程的良好实践，目前在我国工程建设领域也已经比较普遍。公开透明、合理地确定这类暂估价的实际开支金额的最佳途径就是通过施工总承包人与工程建设项目招标人共同组织招标。暂估价可按表 3-6 和表 3-7 的格式列项。

材料（工程设备）暂估单价及调整表　　　　　　　　　　　表 3-6

工程名称：　　　　　　　　　　标段：　　　　　　　　　　第　页　共　页

序号	材料（工程设备）名称、规格、型号	计量单位	数量		暂估（元）		确认（元）		差额±（元）		备注
			暂估	确认	单价	合价	单价	合价	单价	合价	
合　计											

注：此表由招标人填写"暂估单价"，并在备注栏说明暂估价的材料、工程设备拟用在那些清单项目上，投标人应将上述材料、工程设备暂估单价计入工程量清单综合单价报价中。

专业工程暂估价及结算价表　　　　　　　　　　　表 3-7

工程名称：　　　　　　　　　　标段：　　　　　　　　　　第　页　共　页

序号	工程名称	工程内容	暂估金额（元）	结算金额（元）	差额±（元）	备注
合　计						

注：此表"暂估金额"由招标人填写，投标人应将"暂估金额"计入投标总价中。结算时按合同约定结算金额填写。

3. 计日工

计日工是为了解决现场发生的零星工作的计价而设立的。计日工以完成零星工作所消耗的人工工时、材料数量、机械台班进行计量，并按照计日工表中填报的适用项目的单价进行计价支付。计日工适用的所谓零星工作一般是指合同约定之外的或者因变更而产生的、工程量清单中没有相应项目的额外工作，尤其是那些时间不允许事先商定价格的额外工作。计日工应列出项目名称、计量单位和暂估数量。计日工可按照表 3-8 的格式列项。

表 3-8

工程名称：　　　　　　　　　　　标段：　　　　　　　　　　第 页 共 页

编号	项目名称	单位	暂定数量	实际数量	综合单价（元）	总价（元）	
						暂定	实际
一	人工						
1							
2							
人工小计							
二	材料						
1							
2							
材料小计							
三	施工机械						
1							
2							
施工机械小计							
四、企业管理费和利润							
总　计							

注：此表项目名称、暂定数量由招标人填写，编制招标控制价时，单价由招标人按有关计价规定确定；投标时，单价由投标人自主报价，按暂定数量计算合价计入投标总价中。结算时，按发承包双方确认的实际数量计算合价。

编制工程量清单时，计日工表中的人工应按工种，材料和机械应按规格、型号详细列项。其中人工、材料、机械数量，应由招标人根据工程的复杂程度，工程设计质量的优劣及设计深度等因素，按照经验来估算一个比较贴近实际的数量，并作为暂定量写到计日工表中，纳入有效投标竞争，以期获得合理的计日工单价。

4. 总承包服务费

总承包服务费是为了解决招标人在法律、法规允许的条件下进行专业工程发包以及自行供应材料、工程设备时，需要总承包人对发包的专业工程提供协调和配合服务（如分包人使用总包人的脚手架、水电接驳等），对甲供材料、工程设备提供收、发和保管服务以及进行施工现场管理时发生并向总承包人支付的费用。招标人应当预计该项费用，并按投标人的投标报价向投标人支付该项费用。

总承包服务费应列出服务项目及其内容等。总承包服务费按照表 3-9 的格式列项。

表 3-9

工程名称：　　　　　　　　　　　标段：　　　　　　　　　　第 页 共 页

序号	项目名称	项目价值（元）	服务内容	计算基础	费率（%）	金额（元）
1	发包人发包专业工程					
2	发包人提供材料					
	合计	—			—	

注：此表项目名称、服务内容由招标人填写，编制招标控制价时，费率及金额由招标人按有关计价规定确定；投标时，费率及金额由投标人自主报价，计入投标总价中。

五、规费项目清单的编制

规费是指根据省级政府或省级有关权力部门规定必须缴纳的，应计入建筑安装工程造价的费用。规费项目清单应按照下列内容列项：

(1) 社会保险费：包括养老保险费、失业保险费、医疗保险费、工伤保险费、生育保险费；

(2) 住房工积金；

(3) 工程排污费。

出现《计价规范》未列的项目，应根据省级政府或省级有关权力部门的规定列项。

六、税金项目清单的编制

税金是指国家税法规定的应计入建筑安装工程造价内的营业税、城市维护建设税及教育费附加等。税金项目清单应包括下列内容：

(1) 营业税；

(2) 城市维护建设税；

(3) 教育费附加；

(4) 地方教育附加。

出现《计价规范》未列的项目，应根据税务部门的规定列项。

规费、税金项目清单与计价表如表3-10所示。

规费、税金项目清单与计价表 表3-10

工程名称： 标段： 第 页 共 页

序号	项目名称	计算基础	计算基数	计算费率（%）	金额（元）
1	规费	定额人工费			
1.1	社会保险费	定额人工费			
(1)	养老保险费	定额人工费			
(2)	失业保险费	定额人工费			
(3)	医疗保险费	定额人工费			
(4)	工伤保险费	定额人工费			
(5)	生育保险费	定额人工费			
1.2	住房公积金	定额人工费			
1.3	工程排污费	按工程所在地环境保护部门收取标准，按实计入			
2	税金	分部分项工程费＋措施项目费＋其他项目费＋规费－按规定不计税的工程设备金额			
合　计					

编制人（造价人员）： 复核人（造价工程师）：

第三节　工程量清单项目费用组成和确定

一、工程量清单项目费用组成

采用工程量清单计价，建筑安装工程造价由分部分项工程费、措施项目费、其他项目费、规费和税金组成，如图 3-2 所示。

二、工程量清单计价的方法

《计价规范》规定，分部分项工程量清单应采用综合单价计价。

综合单价＝人工费＋材料费＋施工机械使用费＋管理费＋利润

利用综合单价法计价，需分项计算清单项目，再汇总得到工程总造价。

分部分项工程费＝Σ分部分项工程量×分部分项工程综合单价

措施项目费＝Σ措施项目工程量×措施项目综合单价＋Σ单项措施费

其他项目费＝暂列金额＋暂估价＋计日工＋总承包费＋其他

单位工程报价＝分部分项工程费＋措施项目费＋其他项目费＋规费＋税金

单项工程报价＝Σ单位工程报价

总造价＝Σ单项工程报价

三、分部分项工程费计算

利用综合单价法计算分部分项工程费需要解决两个核心问题，即确定各分部分项工程的工程量及其综合单价。

1. 分部分项工程量的确定

招标文件中的工程量清单标明的工程量是招标人编制招标控制价和投标人投标报价的共同基础，它是工程量清单编制人按施工图图示尺寸和清单工程量计算规则计算得到的工程净量。但该工程量不能作为承包人在履行合同义务中应予完成的实际和准确的工程量，发承包双方进行工程竣工结算时的工程量应按发、承包双方在合同中约定应予计量且实际完成的工程量确定，当然该工程量的计算也应严格遵照清单工程量计算规则，以实体工程量为准。

2. 综合单价的编制

《计价规范》中的工程量清单综合单价是指完成一个规定计量单位的分部分项工程量清单项目或措施清单项目所需的人工费、材料费、施工机械使用费和企业管理费与利润，以及一定范围内的风险费用。该定义并不是真正意义上的全费用综合单价，而是一种狭义上的综合单价，规费和税金等不可竞争的费用并不包括在项目单价中。

综合单价的计算通常采用定额组价的方法，即以计价定额为基础进行组合计算。由于《计算规范》与定额中的工程量计算规则、计量单位、工程内容不尽相同，综合单价的计算不是简单的将其所含的各项费用进行汇总，而是要通过具体计算后综合而成。综合单价的计算可以概括为以下步骤：

（1）确定组合定额子目

清单项目一般以一个"综合实体"考虑，包括了较多的工程内容，计价时，可能出现一个清单项目对应多个定额子目的情况。因此计算综合单价的第一步就是将清单项目的工程内容与定额项目的工程内容进行比较，结合清单项目的特征描述，确定拟组价清单项目

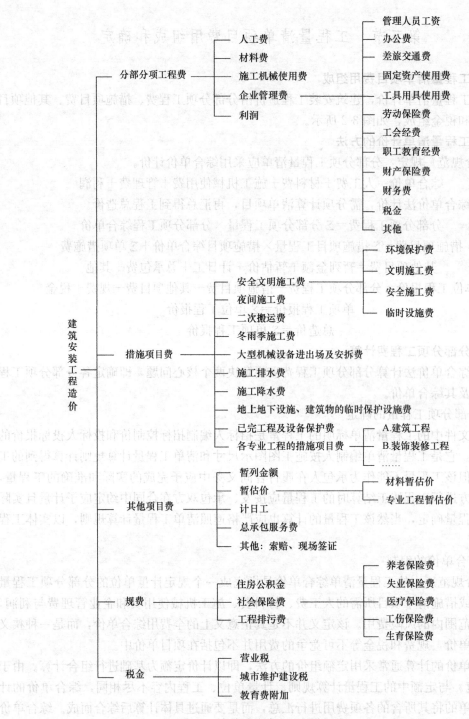

图 3-2　清单计价建安工程费组成

应该由哪几个定额子目来组合。如"预制预应力 C20 混凝土空心板"项目,《计算规范》规定此项目包括制作、运输、吊装及接头灌浆,若定额分别列有制作、安装、吊装及接头灌浆,则应用这 4 个定额子目来组合综合单价;又如"M5 水泥砂浆砌砖基础"项目,按《计算规范》不仅包括主项"砖基础"子目,还包括附项"混凝土基础垫层"子目。

（2）计算定额子目工程量

由于一个清单项目可能对应几个定额子目，而清单工程量计算的是主项工程量，与各定额子目的工程量可能并不一致；即便一个清单项目对应一个定额子目，也可能由于清单工程量计算规则与所采用的定额工程量计算规则之间的差异，而导致二者的计价单位和计算出来的工程量不一致。因此，清单工程量不能直接用于计价，在计价时必须考虑施工方案等各种影响因素，根据所采用的计价定额及相应的工程量计算规则重新计算各定额子目的施工工程量。定额子目工程量的具体计算方法，应严格按照与所采用的定额相对应的工程量计算规则计算。

（3）测算人、材、机消耗量

人、材、机的消耗量一般参照定额进行确定。在编制招标控制价时一般参照政府颁发的消耗量定额；编制投标报价时一般采用反映企业水平的企业定额，投标企业没有企业定额时可参照消耗量定额进行调整。

（4）确定人、材、机单价

人工单价、材料价格和施工机械台班单价，应根据工程项目的具体情况及市场资源的供求状况进行确定，采用市场价格作为参考，并考虑一定的调价系数。

（5）计算清单项目的直接工程费

按确定的分项工程人工、材料和机械的消耗量及询价获得的人工单价、材料单价、施工机械台班单价，与相应的计价工程量相乘得到各定额子目的直接工程费，将各定额子目的直接工程费汇总后算出清单项目的直接工程费。

直接工程费＝Σ 计价工程量×（Σ 人工消耗量×人工单价＋Σ 材料消耗量×材料单价＋Σ 台班消耗量×台班单价）

（6）计算清单项目的管理费和利润

企业管理费及利润通常根据各地区规定的费率乘以规定的计价基础得出。通常情况下，计算公式如下：

$$管理费＝直接工程费×管理费费率$$

$$利润＝（直接工程费＋管理费）×利润率$$

（7）计算清单项目的综合单价

将清单项目的直接工程费、管理费及利润汇总得到该清单项目合价，将该清单项目合价除以清单项目的工程量即可得到该清单项目的综合单价。

$$综合单价＝（直接工程费＋管理费＋利润）/清单工程量$$

四、措施项目费计算

措施项目费是指为完成工程项目施工，而用于发生在该工程施工准备和施工过程中的技术、生活、安全、环境保护等方面的非工程实体项目所支出的费用。措施项目清单计价应根据建设工程的施工组织设计，可以计算工程量的措施项目，应按分部分项工程量清单的方式采用综合单价计价；其余的措施项目可以以"项"为单位的方式计价，应包括除规费、税金外的全部费用。措施项目清单中的安全文明施工费应按照国家或省级、行业建设主管部门的规定计价，不得作为竞争性费用。

措施项目费的计算方法一般有以下几种：

（1）综合单价法

这种方法与分部分项工程综合单价的计算方法一样,就是根据需要消耗的实物工程量与实物单价计算措施费,适用于可以计算工程量的措施项目,主要是指一些与工程实体有紧密联系的项目,如混凝土模板、脚手架、垂直运输等。与分部分项工程不同,并不要求每个措施项目的综合单价必须包含人工费、材料费、机械费、管理费和利润中的每一项。

(2) 参数法计价

参数法计价是指按一定的基数乘系数的方法或自定义公式进行计算。这种方法简单明了,但最大的难点是公式的科学性、准确性难以把握。这种方法主要适用于施工过程中必须发生,但在投标时很难具体分项预测,又无法单独列出项目内容的措施项目。如夜间施工费、二次搬运费、冬雨期施工的计价均可以采用该方法。

(3) 分包法计价

在分包价格的基础上增加投标人的管理费及风险费进行计价的方法,这种方法适合可以分包的独立项目,如室内空气污染测试等。

有时招标人要求对措施项目费进行明细分析,这时采用参数法组价和分包法组价都是先计算该措施项目的总费用,这就需人为用系数或比例的办法分摊人工费、材料费、机械费、管理费及利润。

五、其他项目费计算

其他项目费由暂列金额、暂估价、计日工、总承包服务费、索赔与现场签证等内容构成。

暂列金额和暂估价由招标人按估算金额确定。招标人在工程量清单中提供的暂估价的材料和专业工程,若属于依法必须招标的,由承包人和招标人共同通过招标确定材料单价与专业工程分包价;若材料不属于依法必须招标的,经发、承包双方协商确认单价后计价;若专业工程不属于依法必须招标的,由发包人、总承包人与分包人按有关计价依据进行计价,记日工、总承包服务费、索赔与现场签证由承包人根据招标人提出的要求,按估算的费用确定。

六、规费与税金的计算

规费是指政府和有关权力部门规定必须缴纳的费用。建筑安装工程税金是指国家税法规定的应计入建筑安装工程造价内的营业税、城市维护建设税及教育费附加。如国家税法发生变化或地方政府及税务部门依据职权对税种进行了调整,应对税金项目清单进行相应调整。

规费和税金应按国家或省级、行业建设主管部门的规定计算,不得作为竞争性费用。每一项规费和税金的规定文件中,对其计算方法都有明确的说明,故可以按各项法规和规定的计算方式计取。具体计算时,一般按国家及有关部门规定的计算公式和费率标准进行计算。

七、风险费用的确定

风险具体指工程建设施工阶段承发包双方在招投标活动和合同履约及施工中所面临的涉及工程计价方面的风险。采用工程量清单计价的工程,应在招标文件或合同中明确风险内容及其范围(幅度),并在工程计价过程中予以考虑。

第四章 装饰装修工程定额计价法

第一节 建设工程定额概述

一、定额的概念

工程消耗量定额，是指完成单位合格的工程产品所消耗的工时、材料和机械台班的数量标准。定额水平与当时的生产力的水平有着密切的关系。它与一定时期工人操作技术水平、机械化程度等有关。定额水平不是一成不变的，而是随着社会生产力的发展而提高的。定额的制定，是按当时的平均水平确定的，在此水平之下，大多数人员经过努力可以达到，部分人员可以超过，而少数人员则低于定额水平的标准。

建设工程定额是工程建设中各类定额的总称。为对建设工程定额有一个全面的了解，可以按照不同的原则和方法对其进行科学的分类。

二、按生产要素内容分类

1. 人工定额

人工定额，也称劳动定额，是指在正常的施工技术和组织条件下，完成单位合格产品所必需的人工消耗量标准。

2. 材料消耗定额

材料消耗定额是指在合理和节约使用材料的条件下，生产单位合格产品所必须消耗的一定规格的材料、成品、半成品和水、电等资源的数量标准。

3. 施工机械台班使用定额

施工机械台班使用定额也称施工机械台班消耗定额，是指施工机械在正常施工条件下完成单位合格产品所必需的工作时间。它反映了合理地、均衡地组织劳动和使用机械时该机械在单位时间内的生产效率。

三、按编制程序和用途分类

1. 施工定额

施工定额是以同一性质的施工过程——工序作为研究对象，表示生产产品数量与时间消耗综合关系的定额。施工定额是施工企业（建筑安装企业）组织生产和加强管理在企业内部使用的一种定额，属于企业定额的性质。施工定额是建设工程定额中分项最细、定额子目最多的一种定额，也是建设工程定额中的基础性定额。施工定额由人工定额、材料消耗定额和施工机械台班使用定额所组成。

施工定额是施工企业进行施工组织、成本管理、经济核算和投标报价的重要依据。施工定额直接应用于施工项目的管理，用来编制施工作业计划、签发施工任务单、签发限额领料单，以及结算计件工资或计量奖励工资等。施工定额和施工生产结合紧密，施工定额的定额水平反映施工企业生产与组织的技术水平和管理水平。施工定额也是编制预算定额的基础。

2. 预算定额

预算定额是以建筑物或构筑物各个分部分项工程为对象编制的定额。预算定额是以施工定额为基础综合扩大编制的，同时也是编制概算定额的基础。其中的人工、材料和机械台班的消耗水平根据施工定额综合取定，定额项目的综合程度大于施工定额。预算定额是编制施工图预算的主要依据，是编制单位估价表、确定工程造价、控制建设工程投资的基础和依据。与施工定额不同，预算定额是社会性的，而施工定额则是企业性的。

3. 概算定额

概算定额是以扩大的分部分项工程为对象编制的。概算定额是编制扩大初步设计概算、确定建设项目投资额的依据。概算定额一般是在预算定额的基础上综合扩大而成的，每一综合分项概算定额都包含了数项预算定额。

4. 概算指标

概算指标是概算定额的扩大与合并，它是以整个建筑物和构筑物为对象，以更为扩大的计量单位来编制的。概算指标的设定和初步设计的深度相适应，一般是在概算定额和预算定额的基础上编制的，是设计单位编制设计概算或建设单位编制年度投资计划的依据，也可作为编制估算指标的基础。

5. 投资估算指标

投资估算指标通常是以独立的单项工程或完整的工程项目为对象编制确定的生产要素消耗的数量标准或项目费用标准，是根据已建工程或现有工程的价格数据和资料，经分析、归纳和整理编制而成的。投资估算指标是在项目建议书和可行性研究阶段编制投资估算、计算投资需要量时使用的一种指标，是合理确定建设工程项目投资的基础。

四、按编制单位和适用范围分类

1. 国家定额

国家定额是指由国家建设行政主管部门组织，依据有关国家标准和规范，综合全国工程建设的技术与管理状况等编制和发布，在全国范围内使用的定额。

2. 行业定额

行业定额是指由行业建设行政主管部门组织，依据有关行业标准和规范，考虑行业工程建设特点等情况所编制和发布的，在本行业范围内使用的定额。

3. 地区定额

地区定额是指由地区建设行政主管部门组织，考虑地区工程建设特点和情况制定发布的，在本地区内使用的定额。

4. 企业定额

企业定额是指由施工企业自行组织，主要根据企业的自身情况，包括人员素质、机械装备程度、技术和管理水平等编制，在本企业内部使用的定额。

五、按投资的费用性质分类

按照投资的费用性质，可将建设工程定额分为建筑工程定额、设备安装工程定额、建筑安装工程费用定额、工器具定额以及工程建设其他费用定额等。

1. 建筑工程定额

建筑工程定额是建筑工程的施工定额、预算定额、概算定额和概算指标的统称。建筑工程一般理解为房屋和构筑物工程。建筑工程定额在整个建设工程定额中占有突出的地位。

2. 设备安装工程定额

设备安装工程定额是设备安装工程的施工定额、预算定额、概算定额和概算指标的统称。设备安装工程一般是指对需要安装的设备进行定位、组合、校正、调试等工作的工程。在通用定额中有时把建筑工程定额和安装工程定额合二为一，称为建筑安装工程定额。建筑安装工程定额属于直接工程费定额，仅仅包括施工过程中人工、材料、机械台班消耗的数量标准。

3. 建筑安装工程费用定额

建筑安装工程费用定额一般包括两部分内容：措施费定额和间接费定额。

4. 工具、器具定额

工具、器具定额是为新建或扩建项目投产运转首次配置的工具、器具数量标准。工具和器具是指按照有关规定不够固定资产标准而起劳动手段作用的工具、器具和生产用家具。

5. 工程建设其他费用定额

工程建设其他费用定额是独立于建筑安装工程定额、设备和工器具购置之外的其他费用开支的标准。其他费用定额是按各项独立费用分别编制的，以便合理控制这些费用的开支。

第二节　人工消耗定额（劳动定额）

一、劳动定额的含义

劳动定额反映生产工人在正常施工条件下的劳动效率，表明每个工人在单位时间内为生产合格产品所必需消耗的劳动时间，或者在一定的劳动时间中所生产的合格产品数量。

劳动定额有全国统一定额、地区劳动定额和企业劳动定额三种。全国统一劳动定额，是综合全国建筑安装企业的生产水平，并在全国范围内执行。地区劳动定额，是参考全国统一劳动定额的水平，结合地区的特点制定，只适用在本地区范围内执行。企业劳动定额，是在参考国家或地区劳动定额的基础上，根据本企业的实际情况编制的，只适用于本企业。

二、劳动定额的表示形式

劳动定额按表现形式的不同，可分为时间定额和产量定额两种形式。

1. 时间定额

时间定额，就是某种专业，某种技术等级工人班组或个人，在合理的劳动组织和合理使用材料的条件下，完成单位合格产品所必需的工作时间，包括准备与结束时间、基本工作时间、辅助工作时间、不可避免的中断时间及工人必需的休息时间，时间定额以工日为单位，每一工日按 8 小时计算。其计算方法如下：

$$单位产品时间定额（工日）=\frac{1}{每工产量}$$

$$或单位产品时间定额（工日）=\frac{小组成员工日数总和}{机械台班产量}$$

2. 产量定额

产量定额，就是在合理的劳动组织和合理使用材料的条件下，某种专业、某种技术等级的工人班组或个人在单位工日中所应完成的合格产品的数量。其计算方法如下：

$$每工产量 = \frac{1}{单位产品时间定额（工日）}$$

产量定额的计量单位有：米（m）、平方米（m²）、立方米（m³）、吨（t）、块、根、件、扇等。

时间定额与产量定额互为倒数关系。

3. 单项定额和综合定额

按定额的标定对象不同，人工定额又分单项工序定额和综合定额两种，综合定额表示完成同一产品中的各单项（工序或工种）定额的综合。按工序综合的用"综合"表示，按工种综合的一般用"合计"表示。其计算方法如下：

$$综合时间定额 = \Sigma 各单项（工序）时间定额$$

$$综合产量定额 = \frac{1}{综合时间定额（工日）}$$

时间定额和产量定额都表示同一人工定额项目，它们是同一人工定额项目的两种不同的表现形式。时间定额以工日为单位，综合计算方便，时间概念明确；产量定额则以产品数量为单位表示，具体、形象，劳动者的奋斗目标一目了然，便于分配任务。人工定额用复式表同时列出时间定额和产量定额，以便于各部门、企业根据各自的生产条件和要求选择使用。

复式表示法有如下形式：

$$\frac{时间定额}{每工产量} 或 \frac{人工时间定额}{机械台班产量}$$

三、劳动定额的制定方法

劳动定额是根据国家的经济政策、劳动制度和有关技术文件及资料制定的。制定劳动定额，常用的方法有四种。

1. 技术测定法

技术测定法是根据生产技术和施工组织条件，对施工过程中各工序采用测时法、写实记录法、工作日写实法，测出各工序的工时消耗等资料，再对所获得的资料进行科学的分析，制定出人工定额的方法。

2. 统计分析法

统计分析法是把过去施工生产中的同类工程或同类产品的工时消耗的统计资料，与当前生产技术和施工组织条件的变化因素结合起来，进行统计分析的方法。这种方法简单易行，适用于施工条件正常、产品稳定、工序重复量大和统计工作制度健全的施工过程。但是，过去的记录只是实耗工时，不反映生产组织和技术的状况。所以，在这样条件下求出的定额水平，只是已达到的劳动生产率水平，而不是平均水平。实际工作中，必须分析研究各种变化因素，使定额能真实地反映施工生产平均水平。

3. 比较类推法

对于同类型产品规格多、工序重复、工作量小的施工过程，常用比较类推法。采用此法制定定额是以同类型工序和同类型产品的实耗工时为标准，类推出相似项目定额水平的方法。此法必须掌握类似的程度和各种影响因素的异同程度。

4. 经验估计法

根据定额专业人员、经验丰富的工人和施工技术人员的实际工作经验，参考有关定额资料，对施工管理组织和现场技术条件进行调查、讨论和分析制定定额的方法，叫做经验估计法。经验估计法通常作为一次性定额使用。

四、人工工日消耗量的计算

在预算过程中可以采用分析法确定人工工日消耗量。分析法计算工程用工量，最准确的依据是企业内部的企业定额，若是企业没有自己的企业定额时，其计价行为是以现行的预算定额为计价依据并进行适当调整，可按下列公式计算：

$$DC = R \cdot K$$

式中　DC——人工工日数；

　　　R——用国内现行的预算定额计算出的人工工日数；

　　　K——人工工日折算系数。

人工工日折算系数，是通过对本企业施工人数的实际操作水平、技术装备、管理水平等因素进行综合评定，计算出的生产工人劳动生产率与预算定额水平的比率来确定，计算公式如下：

$$K = V_q/V_0$$

式中　K——人工工日折算系数；

　　　V_q——完成某项工程本企业应消耗的工日数；

　　　V_0——完成同项工程预算定额消耗的工日数。

预算编制人应根据自己企业的特点和招标等的具体要求灵活掌握，可分别按不同专业计算多个"K"值。

第三节　材料消耗定额

一、材料消耗定额的含义

材料消耗定额是指在合理和节约使用材料的条件下，生产单位合格产品所必须消耗的一定规格的材料、成品、半成品和水、电等资源的数量标准。

材料消耗定额指标的组成，按其使用性质、用途和用量大小划分为四类。

1. 主要材料，指直接构成工程实体的材料；

2. 辅助材料，直接构成工程实体，但比重较小的材料；

3. 周转性材料（又称工具性材料），指施工中多次使用但并不构成工程实体的材料，如模板、脚手架等；

4. 零星材料，指用量小、价值不大、不便计算的次要材料，可用估算法计算。

根据材料使用次数的不同，建筑安装材料分为非周转性材料和周转性材料。非周转性材料也称为直接性材料，它是指施工中一次性消耗并直接构成工程实体的材料，如砖、瓦、灰、砂、石、钢筋、水泥、工程用木材等。

周转性材料是指在施工过程中能多次使用，反复周转但并不构成工程实体的工具性材料，如：模板、活动支架、脚手架、支撑、挡土板等。

二、直接性材料消耗定额的制定

材料消耗定额是指在合理使用材料的条件下，完成单位合格产品所必须消耗的材料数量。它包括产品净消耗量与损耗量两部分。前者是产品本身所必须占有的材料数量，后者是生产工艺材料损耗量，它包括操作损耗和场内运输损耗。

材料损耗量与材料总消耗量之百分比，称为材料损耗率。

三、确定材料消耗定额的方法

常用的制定方法有：观测法、试验法、统计法和计算法。

（1）观测法

观测法是对施工过程中实际完成产品的数量进行现场观察、测定，再通过分析整理和计算确定建筑材料消耗定额的一种方法。

这种方法最适宜制定材料的损耗定额。因为只有通过现场观察、测定，才能正确区别哪些属于不可避免的损耗，哪些属于可以避免的损耗。

用观测法制定材料的消耗定额时，所选用的观测对象应符合下列要求：①建筑物应具有代表性；②施工方法符合操作规范的要求；③建筑材料的品种、规格、质量符合技术、设计的要求；④被观测对象在节约材料和保证产品质量等方面有较好的成绩。

（2）试验法

试验法是通过专门的仪器和设备在试验室内确定材料消耗定额的一种方法。这种方法适用于能在试验室条件下进行测定的塑性材料和液体材料（如混凝土、砂浆、沥青玛蹄脂、油漆涂料及防腐等）。例如：可测定出混凝土的配合比，然后计算出每 $1m^3$ 混凝土中的水泥、砂、石、水的消耗量。由于在实验室内比施工现场具有更好的工作条件，所以能更深入、详细地研究各种因素对材料消耗的影响，从中得到比较准确的数据。但是，在实验室中无法充分估计到施工现场中某些外界因素对材料消耗的影响。因此，要求实验室条件尽量与施工过程中的正常施工条件一致，同时在测定后用观察法进行审核和修正。

（3）统计法

统计法是指在施工过程中，对分部分项工程所拨发的各种材料数量、完成的产品数量和竣工后的材料剩余数量，进行统计、分析、计算，来确定材料消耗定额的方法。

这种方法简便易行，不需组织专人观测和试验。但应注意统计资料的真实性和系统性，要有准确的领退料统计数字和完成工程量的统计资料。统计对象也应加以认真选择，并注意和其他方法结合使用，以提高所拟定额的准确程度。

（4）计算法

计算法是根据施工图纸和其他技术资料，用理论公式计算出产品的材料净用量，从而制定出材料的消耗定额。

这种方法主要适用于块状、板状、卷筒状产品（如砖、钢材、玻璃、油毡等）的材料消耗定额。

第四节 施工机械台班使用定额的编制

一、施工机械台班使用定额的形式

1. 施工机械时间定额

施工机械时间定额，是指在合理劳动组织与合理使用机械条件下，完成单位合格产品所必需的工作时间，包括有效工作时间（正常负荷下的工作时间和降低负荷下的工作时间）、不可避免的中断时间、不可避免的无负荷工作时间。机械时间定额以"台班"表示，即一台机械工作一个作业班时间。一个作业班时间为 8 小时。

$$单位产品机械时间定额(台班)=\frac{1}{台班产量}$$

由于机械必须由工人小组配合，所以完成单位合格产品的时间定额，同时列出人工时间定额。

$$单位产品人工时间定额(工日)=\frac{小组成员总人数}{台班产量}$$

2. 机械产量定额

机械产量定额，是指在合理劳动组织与合理使用机械条件下，机械在每个台班时间内，应完成合格产品的数量。

$$机械台班产量定额=\frac{1}{机械时间定额(台班)}$$

机械产量定额和机械时间定额互为倒数关系。

3. 定额表示方法

机械台班使用定额的复式表示法的形式如下：

$$\frac{人工时间定额}{机械台班产量}$$

二、机械台班使用定额的编制

1. 机械工作时间消耗的分类

机械工作时间的消耗，按其性质可作如下分类，见图 4-1 所示。机械工作时间分为必需消耗的时间和损失时间两大类。

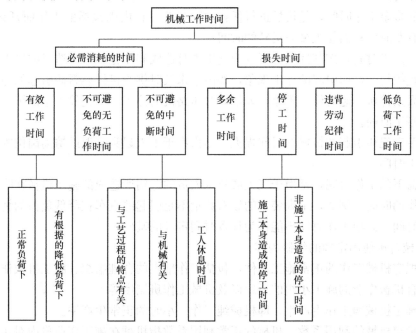

图 4-1　机械工作时间分类

（1）在必需消耗的工作时间里，包括有效工作、不可避免的无负荷工作和不可避免的中断三项时间消耗。而在有效工作的时间消耗中又包括正常负荷下、有根据地降低负荷下的工时消耗。

正常负荷下的工作时间，是指机械在与机械说明书规定的计算负荷相符的情况下进行工作的时间。

有根据地降低负荷下的工作时间，是指在个别情况下由于技术上的原因，机械在低于其计算负荷下工作的时间。例如，汽车运输重量轻而体积大的货物时，不能充分利用汽车的载重吨位因而不得不降低其计算负荷。

不可避免的无负荷工作时间，是指由施工过程的特点和机械结构的特点造成的机械无负荷工作时间。例如筑路机在工作区末端调头等，都属于此项工作时间的消耗。不可避免的中断工作时间，是与工艺过程的特点、机械的使用和保养、工人休息有关的中断时间。

与工艺过程的特点有关的不可避免中断工作时间，有循环的和定期的两种。循环的不可避免中断，是在机械工作的每一个循环中重复一次。如汽车装货和卸货时的停车。定期的不可避免中断，是经过一定时期重复一次。比如把灰浆泵由一个工作地点转移到另一工作地点时的工作中断。

与机械有关的不可避免中断工作时间，是由于工人进行准备与结束工作或辅助工作时，机械停止工作而引起的中断工作时间。它是与机械的使用与保养有关的不可避免中断时间。

工人休息时间前面已经作了说明。要注意的是应尽量利用与工艺过程有关的和与机械有关的不可避免中断时间进行休息，以充分利用工作时间。

（2）损失的工作时间，包括多余工作、停工、违背劳动纪律所消耗的工作时间和低负荷下的工作时间。

机械的多余工作时间，是机械进行任务内和工艺过程内未包括的工作而延续的时间。如工人没有及时供料而使机械空运转的时间。

机械的停工时间，按其性质也可分为施工本身造成和非施工本身造成的停工。前者是由于施工组织得不好而引起的停工现象，如由于未及时供给机械燃料而引起的停工。后者是由于气候条件所引起的停工现象，如暴雨时压路机的停工。上述停工中延续的时间，均为机械的停工时间。

违反劳动纪律引起的机械的时间损失，是指由于工人迟到早退或擅离岗位等原因引起的机械停工时间。

低负荷下的工作时间，是由于工人或技术人员的过错所造成的施工机械在降低负荷的情况下工作的时间。例如，工人装车的砂石数量不足引起的汽车在降低负荷的情况下工作所延续的时间。此项工作时间不能作为计算时间定额的基础。

2. 机械台班使用定额的编制内容

（1）拟定机械工作的正常施工条件，包括工作地点的合理组织、施工机械作业方法的拟定、配合机械作业的施工小组的组织以及机械工作班制度等。

（2）确定机械净工作生产率，即机械纯工作一小时的正常生产率。

（3）确定机械的利用系数。机械的正常利用系数指机械在施工作业班内对作业时间的利用率。

（4）计算机械台班定额。

（5）拟定工人小组的定额时间。工人小组的定额时间指配合施工机械作业工人小组的工作时间总和。

<h1 style="text-align:center">第五节　单　位　估　价　表</h1>

一、单位估价表的概念和组成内容

工程单位估价表，亦称工程单价表，它是确定定额计量单位分项工程产品直接工程费用的文件，是用货币形式表示的，完成定额计量单位的分项工程产品消耗和补偿的一种价值表。具体而言，它是消耗量定额中每一分项工程或结构构件的单价表。其组成内容主要有三部分：

1. 完成该分项工程所需消耗的人工、材料和施工机械的实物数量；

2. 该分项工程消耗的人工、材料和施工机械的价格，即相应的人工工日单价、材料价格和施工机械台班使用费；

3. 该分项工程的单价，即将定额规定的人工、材料、施工机械台班消耗量与相应的人工、材料、施工机械台班价格相乘，计算出分项工程的人工费、材料费和施工机械使用费，然后将这三项费用加总而成。

单位估价表实际上是消耗量定额在某时期、某地区量和价的综合表现形式，可直接用于确定工程造价。

单位估价表可以按其编制依据和编制对象等的不同进行分类。

二、单位估价表的编制方法

各类单位估价表的编制原理和编制方法基本上是相同的，即以某消耗量定额、某一时期某个地区的人工工资、材料价格及机械台班价格计算出的以货币形式表示的定额计量单位分项工程产品的直接工程费价值表。具体计算公式如下：

$$定额单价＝人工费＋材料费＋机械使用费$$

式中　人工费——Σ（定额工日数×相应等级日工资标准）；

　　　材料费——Σ（定额材料消耗量×相应材料价格）；

机械使用费——Σ（定额机械台班消耗量×相应施工机械台班价格）。

三、单位估价表的作用

计算工程造价时，用分部分项工程的工程量乘以相应的定额计量单位分部分项工程单价，即可计算出分部分项工程直接工程费。

如果使用定额计价方法或工料单价法，则将计算出的分部分项工程直接工程费汇总，计算出单位工程直接工程费。然后按照规定的方法计取其他各项费用。

如果使用综合单价法，则在计算出的每个分部分项工程直接工程费的基础上，按照取定的费率计算管理费和利润，即可计算出该分部分项工程的综合单价。

第五章　装饰装修工程量计算规则

第一节　建筑面积的计算

一、建筑面积的概念

1. 建筑面积的概念

建筑面积（S）亦称建筑展开面积，是指建筑物各层水平面积总和。建筑面积由使用面积、辅助面积和结构面积组成，其中使用面积与辅助面积之和称为有效面积，其计算公式为：

建筑面积＝使用面积＋辅助面积＋结构面积＝有效面积＋结构面积

2. 使用面积的概念

使用面积是指建筑物各层布置中可直接为生产或生活使用的净面积总和。例如，住宅建筑中的卧室、起居室、客厅等。住宅建筑中的使用面积也称为居住面积。

3. 辅助面积的概念

辅助面积：是指建筑物各层平面布置中为辅助生产或生活所占净面积的总和。例如，住宅建筑中楼梯、走道等。

4. 结构面积的概念

结构面积：是指建筑物各层平面布置中墙体、柱等结构所占面积的总和。

5. 首层建筑面积的概念

首层建筑面积也称为底层建筑面积，是指建筑物底层勒脚以上外墙外围水平投影面积。首层建筑面积作为"三线一面"中的一个重要指标，在工程量计算中被反复使用。

二、建筑面积的作用

建筑面积的计算在建筑工程计量和计价方面起着非常重要的作用，主要表现在以下几个方面：

1. 确定建设规模的重要指标，是建筑房屋计算工程量的主要指标。

2. 确定各项技术经济指标的基础。

计算单位工程每平方米预算造价的主要依据。

其计算公式：工程单位面积造价＝工程造价/建筑面积

3. 确定容积率的主要依据。

其计算公式：容积率＝总建筑面积/用地面积

建筑面积是选择概算指标和编制概算的主要依据，也是统计部门汇总发布房屋建筑面积完成情况的基础。

三、建筑面积的计算规则

（一）建筑面积的范围

1. 单层建筑物的建筑面积，应按其外墙勒脚以上结构外围水平面积计算，并应符合下列规定：

（1）单层建筑物高度在 2.20m 及以上者应计算全面积；高度不足 2.20m 者应计算1/2面积。

（2）利用坡屋顶内空间时净高超过 2.10m 的部位应计算全面积；净高在 1.20～2.10m 之间的部位应计算 1/2 面积；净高不足 1.20m 的部位不应计算面积。

（3）勒脚是指建筑物的外墙与室外地面或散水按触部位墙体的加厚部分。"外墙勒脚以上结构外围水平面积"主要强调建筑面积计算应计算墙体结构的面积，按建筑平面图结构外轮廓尺寸计算，而不应包括墙体构造所增加的抹灰厚度、材料厚度等。

（4）单层建筑物内设有局部楼层者，局部楼层的二层及以上楼层，有围护结构的应按其围护结构外围水平面积计算，无围护结构的应按其结构底板水平面积计算。层高在 2.20m 及以上者应计算全面积；层高不足 2.20m 者应计算 1/2 面积。

2. 多层建筑物的建筑面积，多层建筑物的建筑面积应按不同的层高划分界限分别计算。首层应按其外墙勒脚以上结构外围水平面积计算；二层及以上楼层应按其外墙结构外围水平面积计算。并应符合下列规定：

（1）层高在 2.2m 及以上者应计算全面积。

（2）层高不足 2.2m 者应计算 1/2 面积。本书将这种算法简称为"层高界限计算法"。

注：层高是指上下两层楼面（或地面至楼面）结构标高之间的垂直距离；其中，最上一层的层高是其楼面至屋面（最低处）结构标高之间的垂直距离。

3. 地下室、半地下室（车间、商店、车站、车库、仓库等），包括相应的有永久性顶盖的出入口应按其外墙上口（不包括采光井、外墙防潮层及其保护墙）外边线所围水平面积计算。层高在 2.20m 及以上者应计算全面积；层高不足 2.20m 者应计算 1/2 面积，如图 5-1 所示。

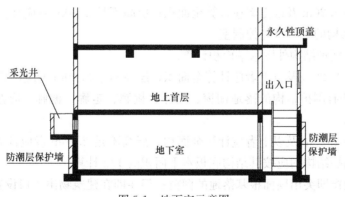

图 5-1　地下室示意图

4. 坡地的建筑物吊脚架空层、深基础架空层（如图 5-2 所示）

（1）设计加以利用并有围护结构的，层高在 2.20m 及以上的部位应计算全面积；层高不足 2.20m 的部位应计算 1/2 面积。

（2）设计加以利用、无围护结构的建筑吊脚架空层，应按其利用部位水平面积的 1/2 计算。

（3）设计不利用的深基础架空层、坡地吊脚架空层、多层建筑坡屋顶内、场馆看台下的空间不应计算面积。

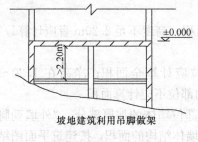

图 5-2 坡地示意图

5. 建筑物的门厅、大厅

（1）按一层计算建筑面积。门厅、大厅内设有回廊时，应按其结构底板水平面积计算。

（2）层高在 2.20m 及以上者应计算全面积；层高不足 2.20m 者应计算 1/2 面积。

6. 建筑物间有围护结构的架空走廊（如图 5-3 所示）

（1）应按其围护结构外围水平面积计算。

（2）层高在 2.20m 及以上者应计算全面积；层高不足 2.20m 者应计算 1/2 面积。

（3）有永久性顶盖无围护结构的应按其结构底板水平面积的 1/2 计算。

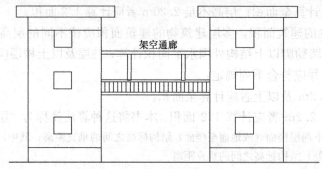

图 5-3 架空通廊示意图

7. 立体书库、立体仓库、立体车库

（1）无结构层的应按一层计算，有结构层的应按其结构层面积分别计算。

（2）层高在 2.20m 及以上者应计算全面积；层高不足 2.20m 者应计算 1/2 面积。

8. 有围护结构的舞台灯光控制室

（1）应按其围护结构外围水平面积计算。

（2）层高在 2.20m 及以上者应计算全面积；层高不足 2.20m 者应计算 1/2 面积。

9. 建筑物外有围护结构的落地橱窗、门斗、挑廊、走廊、檐廊，应按其围护结构外围水平面积计算。

（1）层高在 2.20m 及以上者应计算全面积；层高不足 2.20m 者应计算 1/2 面积。有永久性顶盖无围护结构的应按其结构底板水平面积的 1/2 计算。

（2）落地橱窗即突出墙面根基落地的橱窗；门斗即在建筑物出入口设置的起分割、挡风、御寒等作用的建筑过渡空间；挑廊即挑出建筑物外墙的水平交通空间；走廊即建筑物的水平交通空间；檐廊即设置在建筑物底层出檐下的水平交通空间。

10. 有永久性顶盖无围护结构的场馆看台应按其顶盖水平投影面积的 1/2 计算。

（1）场馆实质上指"场"（足球场、网球场等）看台上有永久性顶盖部分。

（2）"馆"有永久性顶盖、有围护结构的。

11. 建筑物顶部有围护结构的楼梯间、水箱间、电梯机房等，层高在 2.20m 及以上者应计算全面积；层高不足 2.20m 者应计算 1/2 面积。

40

12. 设有围护结构不垂直于水平面而超出底板外沿的建筑物，应按其底板面的外围水平面积计算。层高在 2.20m 及以上者应计算全面积；层高不足 2.20m 者应计算 1/2 面积。

13. 建筑物内的室内楼梯间、电梯井、观光电梯井、提物井、管道井、通风排气竖井、垃圾道、附墙烟囱应按建筑物的自然层计算。

14. 雨篷结构的外边线至外墙结构外边线的宽度超过 2.10m 者，应按雨篷结构板的水平投影面积的 1/2 计算。

（二）不计算建筑面积的范围

1. 建筑物通道（骑楼、过街楼的底层）。

2. 建筑物内的设备管道夹层。

3. 建筑物内分隔的单层房间，舞台及后台悬挂幕布、布景的天桥、挑台等。

4. 屋顶水箱、花架、凉棚、露台、露天游泳池。

5. 建筑物内的操作平台、上料平台、安装箱和罐体的平台。

6. 勒脚、附墙柱、垛、台阶、墙面抹灰、装饰面、镶贴块料面层、装饰性幕墙、空调机外机搁板（箱）、飘窗、构件、配件、宽度在 2.10m 及以内的雨篷以及与建筑物内不相连通的装饰性阳台、挑廊。

7. 无永久性顶盖的架空走廊、室外楼梯和用于检修、消防等的室外钢楼梯、爬梯。

8. 自动扶梯、自动人行道。

9. 独立烟囱、烟道、地沟、油（水）罐、气柜、水塔、贮油（水）池、贮仓、栈桥、地下人防通道、地铁隧道。

四、建筑面积计算示例

【例 5-1】 计算图 5-4 所示单层建筑物的建筑面积。

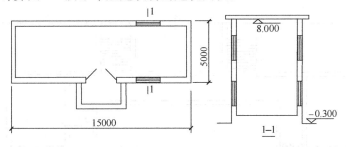

图 5-4 例 5-1 图（单位：mm）

【解】 单层建筑物的建筑面积 $S=15 \times 5=75m^2$

【例 5-2】 计算图 5-5 所示单层建筑物的建筑面积。

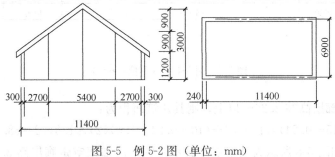

图 5-5 例 5-2 图（单位：mm）

【解】 单层建筑物的建筑面积 $S = 5.4 \times (6.9+0.24) + 2.7 \times (6.9+0.24) \times 0.5 \times 2 = 57.83m^2$

【例5-3】 计算图5-6所示7层建筑物的建筑面积。

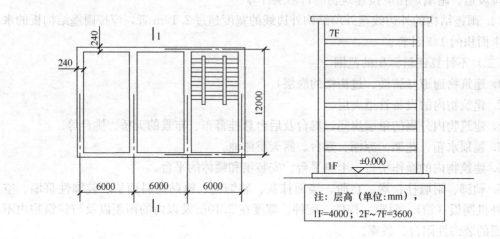

注: 层高 (单位: mm),
1F=4000; 2F~7F=3600

图5-6 例5-3图 (单位: mm)

【解】 此7层建筑面积为: $S = (18+0.24) \times (12+0.24) \times 7 = 1562.80m^2$

【例5-4】 如图5-7所示为某带回廊的二层平面示意图,已知二层层高2.90m,求该回廊的建筑面积。

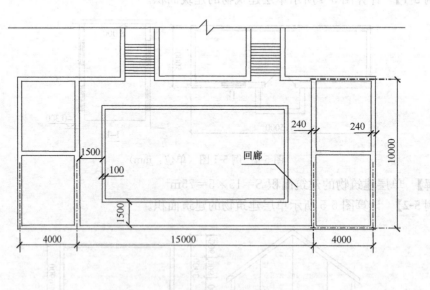

回廊

图5-7 例5-4图 (单位: mm)

【解】 该回廊层高在2.20m以上,则其建筑面积为:
$$S = (15-0.24) \times 1.6 \times 2 + (10-0.24-1.6 \times 2) \times 1.6 \times 2 = 68.22m^2$$

【例5-5】 如图5-8所示为某架空走廊示意图,已知架空走廊层高3.00m,求该架空走廊的建筑面积。

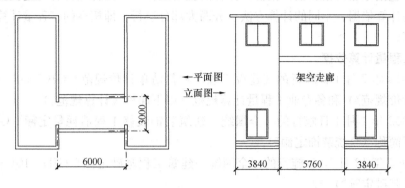

图 5-8　例 5-5 图（单位：mm）

【解】 该架空走廊层高在 2.20m 以上且有围护结构，则其建筑面积为：

$$S=(6-0.24)\times(3+0.24)=18.66\text{m}^2$$

【例 5-6】 某建筑标准层平面图，如图 5-9 所示，已知墙厚 240mm，层高 3.0m，求该建筑物标准层建筑面积。

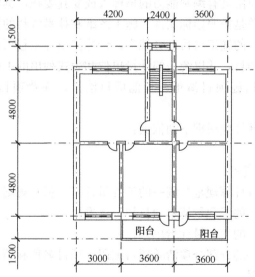

图 5-9　例 5-6 图（单位：mm）

【解】 房屋建筑面积

$S_1=(3+3.6+3.6+0.12\times2)\times(4.8+4.8+0.12\times2)+(2.4+0.12\times2)\times(1.5-0.12+0.12)=102.73+3.96=106.69\text{m}^2$

阳台建筑面积 $S_2=0.5\times(3.6+3.6)\times1.5=5.4\text{m}^2$

则 $S=S_1+S_2=112.09\text{m}^2$

第二节　工程量计算基本原理

目前，我国绝大部分建设工程的发包与承包，都是采用招标投标方式完成的。因此，作为标价（包括标底价格和投标报价）计算的主要工作——工程量计算，也要按不同的需要、不同的计算依据、不同的计算方法，分两大部分进行。即招标的工程量计算和投标的工程量计算。

一、工程量计算依据

（1）2013 年 7 月 1 日施行的《建设工程工程量清单计价规范》GB 50500—2013（以下简称《计价规范》）和各专业工程量计算规范（以下简称《计算规范》）。

（2）2002 年 1 月 1 日施行的《全国统一建筑装饰装修工程消耗量定额》GYD 901—2002（以下简称《全统装饰定额》）。

（3）1995 年 12 月 15 日施行的《全国统一建筑工程基础定额》GJD—101—95（以下简称《全统基础定额》）。

（4）地区现行的装饰装修工程预算定额（以下简称地方定额）。

（5）企业现行的装饰装修工程施工定额（以下简称企业定额）。

二、招标的工程量

招标的工程量是指招标人在编制招标文件时，列在工程量清单中的工程量。建筑装饰装修工程量清单（简称工程量清单），是招标文件的组成部分，是编制招标标底、投标报价的依据。工程量清单应由具有编制能力的招标人或受其委托，具有相应资质的工程造价咨询人编制。工程量清单是按照招标文件、施工图纸和技术资料的要求，将拟建招标工程的全部项目内容依据统一的施工项目划分规定，计算拟招标工程项目的全部分部分项的实物工程量和技术性措施项目，并以统一的计量单位和表式列出的工程量表。工程量清单由分部分项工程量清单、措施项目清单、其他项目清单、规费项目清单、税金项目清单组成。

（1）招标工程量的计算应根据下列依据：

① 招标文件；

② 施工图纸及相关资料；

③《计价规范》和《计算规范》统一的工程量计算（量）规则；

④《计算规范》统一的工程量清单项目划分标准；

⑤《计算规范》统一的工程量计量单位；

⑥《计算规范》统一的分部分项清单项目编码、项目名称和项目特征；

⑦施工现场实际情况。

（2）招标工程量的主要作用为：

①招标人编制并确定标底价的依据；

②投标人编制投标报价，策划投标方案的依据；

③工程量清单是招标人、投标人签订工程施工合同的依据；

④工程量清单也是工程结算和工程竣工结算的依据。

三、投标的工程量

投标的工程量是指投标人在编制投标文件时，确定投标报价的工程量。

（1）投标工程量的计算应根据下列依据：

①招标文件；

②施工图纸及有关资料；

③企业定额；

④《全统基础定额》；

⑤《全统装饰定额》；

⑥施工现场实际情况。

（2）投标工程量的主要作用为：

①投标人编制并确定投标报价的依据；

②投标人策划投标方案的依据；

③投标人编制施工组织设计的依据；

④投标人进行工料分析、确定实际工期、编制施工预算和施工计划的依据。

四、定额工程量与清单工程量

（1）定额工程量与清单工程量的含义

①定额工程量

施工企业（承包商、投标人）在投标报价时，依据企业定额，或者参考地方定额、《全统基础定额》和《全统装饰定额》计算出来的工程量，简称为定额工程量，即投标的工程量。

由于目前全国许多施工企业尚没有自己内部的企业定额，所以在编制投标报价时，可以参考现行的地方定额、《全统基础定额》和《全统装饰定额》的工程量计算规则并结合实际情况计算工程量。

②清单工程量

建设单位（业主、招标人）在编制招标文件时，依据清单计价规范计算出来的工程量，简称为清单工程量，即招标的工程量。

凡是实行工程量清单招标的工程，招标文件中必须附有工程量清单，工程量清单工程量必须严格按照各专业工程量计算规范中的工程量计算规则进行计算。

（2）定额工程量与清单工程量的区别为：

①工程量计算依据不同

a. 定额工程量依据的是施工企业内部的施工定额（企业定额），如果没有企业定额，则可以参考地方定额或《全统基础定额》和《全统装饰定额》，并可结合实际情况进行调整。

b. 清单工程量依据的是《计算规范》。

②工程量的用途不同

a. 定额工程量是供施工企业确定投标报价时使用；

b. 清单工程量是供建设单位编制招标文件时使用。

③工程量项目设置的数量不同

a. 《全统装饰定额》的项目设置为：楼地面工程，墙柱面工程，天棚工程，门窗工程，油漆、涂料、裱糊工程，其他工程，装饰装修脚手架及项目成品保护费，垂直运输及超高增加费，共8章59节1457个子目。

b. 《房屋建筑与装饰装修工程工程量计算规范》中装饰装修工程的项目设置为：门窗工程，楼地面装饰工程，墙、柱面装饰与隔断，幕墙工程，天棚工程，油漆、涂料、裱糊工程，其他装饰工程，共6章47节214个子目。《全统装饰定额》中的"装饰装修脚手架及项目成品保护费"和"垂直运输及超高增加费"列入工程量清单措施项目中。

④工程量计算规则适用的范围不同

a.《全统装饰定额》工程量计算规则适用于所有新建、扩建和改建工程的装饰装修工程预算工程量计算。

b.《计算规范》工程量计算规则只适用于采用工程量清单计价的装饰装修工程预算工程量计算。

⑤工程量项目包括的工程内容不同

a.《全统装饰定额》的项目是按施工工序进行设置的，其分项子目划分的比较细，有1457个。各节子目包括的工程内容也比较单一。例如，大理石楼地面、花岗岩楼地面等项目，其工作内容包括：清理基层、试排弹线、锯板修边、铺贴饰面、清理净面。从工作内容可以看出，其工程内容只限大理石和花岗岩地面面层本身，其垫层、找平层则需列子目单独计算。

b.《计算规范》的项目设置是按"综合实体"考虑的，其分项子目划分的比较粗，只有214个。划分时在《全统装饰定额》的基础上进行了综合扩大，各子目包括的工程内容大大增加了，例如石材楼地面子目包括了大理石楼地面、花岗岩楼地面等石材楼地面项目，其工程内容包括：基层清理、铺设垫层、抹找平层、防水层铺设、填充层铺设、面层铺设、嵌缝、刷防护材料、酸洗、打蜡、材料运输。从工程内容可以看出，该子目不但包括了石材楼地面面层，还综合了在全统装饰定额中应单独列项的垫层、找平层等多项内容。

⑥工程量的计量单位值不同

a.《全统装饰定额》的工程量计量单位值根据不同情况设置为"1"、"10"、"1000"等数值。

b.《计算规范》的工程量计量单位值全部设置为"1"。

⑦工程量的计量原则不同

a.《全统装饰定额》工程量的计量原则是：在根据图纸的净尺寸计算出分项工程的实体净值（理论量）的基础上，还要加算实际施工中因各种因素必须发生的工程量，例如，各种不可避免的损耗量以及需要增加的工程量。

b.《计算规范》工程量的计量原则是：以按图纸的净尺寸计算出分项工程的实体工程量为准，以完成后的净值（理论量）计算。其他因素引起的工程量变化不予考虑。

第三节 楼 地 面 工 程

一、定额说明

第一部分：按《全统基础定额》执行的项目。

按《全统基础定额》执行的项目，其定额说明如下：

（1）本章水泥砂浆、水泥石子浆、混凝土等的配合比，如设计规定与定额不同时，可以换算。

（2）整体面层、块料面层中的楼地面项目，均不包括踢脚板工料；楼梯不包括踢脚板、侧面及板底抹灰，另按相应定额项目计算。

（3）踢脚板高度是按 150mm 编制的。超过时材料用量可以调整，人工、机械用量不变。

（4）菱苦土地面、现浇水磨石定额项目已包括酸洗打蜡工料，其余项目均不包括酸洗。

（5）扶手、栏杆、栏板适用于楼梯、走廊、回廊及其他装饰性栏杆、栏板。扶手不包括弯头制作和安装，另按弯头单项定额计算。

（6）台阶不包括牵边、侧面装饰。

（7）定额中的"零星装饰"项目，适用于小便池、蹲位、池槽等。本定额未列的项目，可按墙、柱面中相应项目计算。

（8）木地板中的硬、杉、松木板，是按毛料厚度 25 编制的，设计厚度与定额厚度不同时，可以换算。

（9）地面伸缩缝按第九章相应项目及规定计算。

（10）碎石、砾石灌沥青垫层按第十章相应项目计算。

（11）钢筋混凝土垫层按混凝土垫层项目执行，其钢筋部分按本章相应项目及规定计算。

（12）各种明沟平均净空断面（深×宽）均是按 190mm×260mm 计算的，断面不同时允许换算。

第二部分：按《全统装饰定额》执行的项目。

按《全统定额》执行的项目，其定额说明如下：

（1）同一铺贴面上有不同种类、材质的材料，应分别执行相应定额子目。

（2）扶手、栏杆、栏板适用于楼梯、走廊、回廊及其他装饰性栏杆、栏板。

（3）零星项目面层适用于楼梯侧面、台阶的牵边、小便池、蹲便台、池槽在 1m² 以内且定额未列项目的工程。

（4）木地板填充材料，按照《全统基础定额》相应子目执行。

（5）大理石、花岗岩楼地面拼花按成品考虑。

（6）镶贴面积小于 0.015m² 的石材执行点缀定额。

二、基础定额工程量计算规则

第一部分：按《全统基础定额》执行的项目。

按《全统基础定额》执行的项目，其工程量计算规则如下：

（1）地面垫层按室内主墙间净空面积乘以设计厚度以 m³ 计算。应扣除凸出地面的构筑物、设备基础、室内管道、地沟等所占体积，不扣除柱、垛、间壁墙、附墙烟囱及面积在 0.3m² 以内孔洞所占体积。

（2）整体面层、找平层均按主墙间净空面积以 m² 计算。应扣除凸出地面构筑物、设备基础、室内管道、地沟等所占面积，不扣除柱、垛、间壁墙、附墙烟囱及面积在 0.3m² 以内的孔洞所占面积，但门洞、空圈、暖气包槽、壁龛的开口部分亦不增加。

（3）块料面层，按图示尺寸实铺面积以 m² 计算，门洞、空圈、暖气包槽和壁龛的开口部分的工程量并入相应的面层内计算。

（4）楼梯面层（包括踏步、平台以及小于 500mm 宽的楼梯井）按水平投影面积计算。

(5) 台阶面层（包括踏步及最上一层踏步沿300mm）按水平投影面积计算。

(6) 其他

①踢脚板按延长m计算，洞口、空圈长度不予扣除，洞口、空圈、垛、附墙烟囱等侧壁长度亦不增加。

②散水、防滑坡道按图示尺寸以m²计算。

③栏杆、扶手包括弯头长度按延长m计算。

④防滑条按楼梯踏步两端距离减300mm以延长m计算。

⑤明沟按图示尺寸以延长m计算。

第二部分：按《全统装饰定额》执行的项目。

按《全统装饰定额》执行的项目，其工程量计算规则如下。

(1) 楼地面装饰面积按装饰面的净面积计算，不扣除0.1m²以内的孔洞所占面积；拼花部分按实贴面积计算。

(2) 楼梯面积（包括踏步、休息平台以及小于50mm宽的楼梯井）按水平投影面积计算。

(3) 台阶面层（包括踏步以及上一层踏步沿300mm）按水平投影面积计算。

(4) 踢脚线按实贴长乘高以平方米计算，成品踢脚线按实贴延长米计算；楼梯踢脚线按相应定额乘以系数1.15。

(5) 点缀按个计算，计算主体铺贴地面面积时，不扣除点缀所占面积。

(6) 零星项目按实铺面积计算。

(7) 栏杆、栏板、扶手均按其中心线长度以延长米计算，计算扶手时不扣除弯头所占长度。

(8) 弯头按个计算。

(9) 石材底面刷养护液按底面面积加4个侧面面积，以平方米计算。

【例5-7】 如图5-10所示，求某办公楼二层房间（不包括卫生间）及走廊水泥砂浆踢脚线工程量（做法：水泥砂浆踢脚线，踢脚线高150mm）。

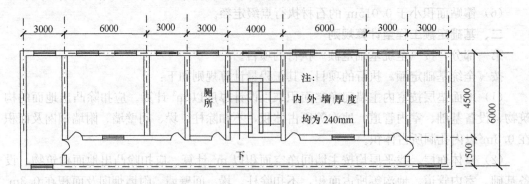

图5-10 某办公楼二层示意图（单位：mm）

【解】 按延长m计算：

踢脚线工程量＝(3－0.12×2＋6－0.12×2)×2＋(6－0.12×2＋4.5－0.12×2)×2＋
(3－0.12×2＋4.5－0.12×2)×2＋(6－0.12×2＋4.5－0.12×2)×2＋(3－0.12×2＋4.5

$-0.12\times2)\times2+(3-0.12\times2+6-0.12\times2)\times2+(6+3+3+4+6+3-0.12\times2+1.5-0.12\times2)\times2-4=150.28\text{m}$

【例5-8】 如图5-11所示,求某建筑房间(不包括卫生间)及走廊地面铺贴复合木地板面层的工程量(内外墙厚度均为240mm,单开门宽900mm,双开门宽1500mm)。

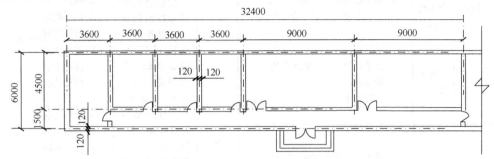

图5-11 某建筑平面示意图(单位:mm)

【解】

复合木地板面层工程量$=(6-0.12\times2)\times(3.6-0.12\times2)+(4.5-0.12\times2)\times(3.6-0.12\times2)\times3+(4.5-0.12\times2)\times(9-0.12\times2)\times2+(1.5-0.12\times2)\times(32.4-3.6-0.12\times2)+0.9\times0.24\times5+1.5\times0.24\times3=5.76\times3.36+4.26\times3.36\times3+4.26\times8.76\times2+1.26\times28.56+2.16=175.08\text{m}^2$

三、工程量清单项目设置及工程量计算规则

1. 整体面层及找平层

整体面层及找平层工程量清单项目设置、项目特征描述的内容、计量单位及工程量计算规则应按表5-1的规定执行。

整体面层及找平层(编码:011101) 表5-1

项目编码	项目名称	项目特征	计量单位	工程量计算规则	工程内容
011101001	水泥砂浆楼地面	1. 找平层厚度、砂浆配合比 2. 素水泥浆遍数 3. 面层厚度、砂浆配合比 4. 面层做法要求	m²	按设计图示尺寸以面积计算。扣除凸出地面构筑物、设备基础、室内铁道、地沟等所占面积,不扣除间壁墙及≤0.3m²柱、垛、附墙烟囱及孔洞所占面积。门洞、空圈、暖气包槽、壁龛的开口部分不增加面积	1. 基层清理 2. 抹找平层 3. 抹面层 4. 材料运输
011101002	现浇水磨石楼地面	1. 找平层厚度、砂浆配合比 2. 面层厚度、水泥石子浆配合比 3. 嵌条材料种类、规格 4. 石子种类、规格、颜色 5. 颜料种类、颜色 6. 图案要求 7. 磨光、酸洗、打蜡要求			1. 基层清理 2. 抹找平层 3. 面层铺设 4. 嵌缝条安装 5. 磨光、酸洗、打蜡 6. 材料运输

项目编码	项目 名称	项目特征	计量 单位	工程量计算规则	工程内容
011101003	细石混凝土楼地面	1. 找平层厚度、砂浆配合比 2. 面层厚度、混凝土强度等级	m²	按设计图示尺寸以面积计算。扣除凸出地面构筑物、设备基础、室内铁道、地沟等所占面积，不扣除间壁墙及≤0.3m²柱、垛、附墙烟囱及孔洞所占面积。门洞、空圈、暖气包槽、壁龛的开口部分不增加面积	1. 基层清理 2. 抹找平层 3. 面层铺设 4. 材料运输
011101004	菱苦土楼地面	1. 找平层厚度、砂浆配合比 2. 面层厚度 3. 打蜡要求			1. 基层清理 2. 抹找平层 3. 面层铺设 4. 打蜡 5. 材料运输
011101005	自流坪楼地面	1. 找平层砂浆配合比、厚度 2. 界面剂材料种类 3. 中层漆材料种类、厚度 4. 面漆材料种类、厚度 5. 面层材料种类			1. 基层处理 2. 抹找平层 3. 涂界面剂 4. 涂刷中层漆 5. 打磨、吸尘 6. 镘自流平面漆（浆） 7. 拌合自流平浆料 8. 铺面层
011101006	平面砂浆找平层	找平层厚度、砂浆配合比		按照设计图示尺寸以面积计算	1. 基层清理 2. 抹找平层 3. 材料运输

注：1. 水泥砂浆面层处理是拉毛还是提浆压光应在面层做法要求中描述；

2. 平面砂浆找平层只适用于仅作找平层的平面抹灰；

3. 间壁墙指厚度≤120mm的墙；

4. 楼地面混凝土垫层按垫层项目编码列项。

2. 块料面层

块料面层工程量清单项目设置、项目特征描述的内容、计量单位及工程量计算规则应按表 5-2 的规定执行。

块料面层（编码：011102） 表 5-2

项目编码	项目 名称	项目特征	计量 单位	工程量计算规则	工程内容
011102001	石材楼地面	1. 找平层厚度、砂浆配合比 2. 结合层厚度、砂浆配合比 3. 面层材料品种、规格、颜色 4. 嵌缝材料种类 5. 防护层材料种类 6. 酸洗、打蜡要求	m²	按设计图示尺寸以面积计算。门洞、空圈、暖气包槽、壁龛的开口部分并入相应的工程量内	1. 基层清理 2. 抹找平层 3. 面层铺设、磨边 4. 嵌缝 5. 刷防护材料 6. 酸洗、打蜡 7. 材料运输
011102002	碎石材楼地面				
011102003	块料楼地面				

注：1. 在描述碎石材项目的面层材料特征时可不用描述规格、颜色；

2. 石材、块料与粘接材料的结合面刷防渗材料的种类在防护层材料种类中描述；

3. 本表工作内容中的磨边指施工现场磨边，后面章节工作内容中涉及的磨边含义同。

3. 橡塑面层

橡胶面层工程量清单项目设置、项目特征描述的内容、计量单位及工程量计算规则应按表5-3的规定执行。

橡塑面层（编码：011103） 表 5-3

项目编码	项目名称	项目特征	计量单位	工程量计算规则	工程内容
011103001	橡胶板楼地面	1. 粘结层厚度、材料种类 2. 面层材料品种、规格、颜色 3. 压线条种类	m²	按设计图示尺寸以面积计算。门洞、空圈、暖气包槽、壁龛的开口部分并入相应的工程量内	1. 基层清理 2. 面层铺贴 3. 压缝条装钉 4. 材料运输
011103002	橡胶板卷材楼地面				
011103003	塑料板楼地面				
011103004	塑料卷材楼地面				

4. 其他材料面层

其他材料面层工程量清单项目设置、项目特征描述、计量单位及工程量计算规则应按表5-4的规定执行。

其他材料面层（编码：011104） 表 5-4

项目编码	项目名称	项目特征	计量单位	工程量计算规则	工程内容
011104001	地毯楼地面	1. 面层材料品种、规格、颜色 2. 防护材料种类 3. 粘结材料种类 4. 压线条种类	m²	按设计图示尺寸以面积计算。门洞、空圈、暖气包槽、壁龛的开口部分并入相应的工程量内	1. 基层清理 2. 铺贴面层 3. 刷防护材料 4. 装钉压条 5. 材料运输
011104002	竹、木（复合）地板	1. 龙骨材料种类、规格、铺设间距 2. 基层材料种类、规格 3. 面层材料品种、规格、颜色 4. 防护材料种类			1. 基层清理 2. 龙骨铺设 3. 基层铺设 4. 面层铺贴 5. 刷防护材料 6. 材料运输
011104003	金属复合地板				
011104004	防静电活动地板	1. 支架高度、材料种类 2. 面层材料品种、规格、颜色 3. 防护材料种类			1. 基层清理 2. 固定支架安装 3. 活动面层安装 4. 刷防护材料 5. 材料运输

5. 踢脚线

踢脚线工程量清单项目设置、项目特征描述的内容、计量单位及工程量计算规则应按表5-5的规定执行。

项目编码	项目名称	项目特征	计量单位	工程量计算规则	工程内容
011105001	水泥砂浆踢脚线	1. 踢脚线高度 2. 底层厚度、砂浆配合比 3. 面层厚度、砂浆配合比	1. m² 2. m	1. 以平方米计量，按设计图示长度乘高度以面积计算 2. 以米计量，按延长线米计算	1. 基层清理 2. 底层和面层抹灰 3. 材料运输
011105002	石材踢脚线	1. 踢脚线高度 2. 粘贴层厚度、材料种类 3. 面层材料品种、规格、颜色 4. 防护材料种类			1. 基层清理 2. 底层抹灰 3. 面层铺贴、磨边 4. 擦缝 5. 磨光、酸洗、打蜡 6. 刷防护材料 7. 材料运输
011105003	块料踢脚线				
011105004	塑料板踢脚线	1. 踢脚线高度 2. 粘结层厚度、材料种类 3. 面层材料种类、规格、颜色			1. 基层清理 2. 基层铺贴 3. 面层铺贴 4. 材料运输
011105005	木质踢脚线				
011105006	金属踢脚线	1. 踢脚线高度 2. 基层材料种类、规格 3. 面层材料品种、规格、颜色			
011105007	防静电踢脚线				

注：石材、块料与粘接材料的结合面刷防渗材料的种类在防护材料种类中描述。

6. 楼梯面层

楼梯面层工程量清单项目设置、项目特征描述的内容、计量单位及工程量计算规则应按表 5-6 的规定执行。

项目编码	项目名称	项目特征	计量单位	工程量计算规则	工程内容
011106001	石材楼梯面层	1. 找平层厚度、砂浆配合比 2. 粘结层厚度、材料种类 3. 面层材料品种、规格、颜色 4. 防滑条材料种类、规格 5. 勾缝材料种类 6. 防护材料种类 7. 酸洗、打蜡要求	m²	按设计图示尺寸以楼梯（包括踏步、休息平台及 ≤500mm 的楼梯井）水平投影面积计算。楼梯与楼地面相连时，算至梯口梁内侧边沿；无梯口梁者，算至最上一层踏步边沿加 300mm	1. 基层清理 2. 抹找平层 3. 面层铺贴、磨边 4. 贴嵌防滑条 5. 勾缝 6. 刷防护材料 7. 酸洗、打蜡 8. 材料运输
011106002	块料楼梯面层				
011106003	拼碎块料面层				
011106004	水泥砂浆楼梯面层	1. 找平层厚度、砂浆配合比 2. 面层厚度、砂浆配合比 3. 防滑条材料种类、规格			1. 基层清理 2. 抹找平层 3. 抹面层 4. 抹防滑条 5. 材料运输

项目编码	项目名称	项目特征	计量单位	工程量计算规则	工程内容
011106005	现浇水磨石楼梯面层	1. 找平层厚度、砂浆配合比 2. 面层厚度、水泥石子浆配合比 3. 防滑条材料种类、规格 4. 石子种类、规格、颜色 5. 颜料种类、颜色 6. 磨光、酸洗、打蜡要求	m²	按设计图示尺寸以楼梯（包括踏步、休息平台及≤500mm的楼梯井）水平投影面积计算。楼梯与楼地面相连时，算至梯口梁内侧边沿；无梯口梁者，算至最上一层踏步边沿加300mm	1. 基层清理 2. 抹找平层 3. 抹面层 4. 贴嵌防滑条 5. 磨光、酸洗、打蜡 6. 材料运输
011106006	地毯楼梯面层	1. 基层种类 2. 面层材料品种、规格、颜色 3. 防护材料种类 4. 粘结材料种类 5. 固定配件材料种类、规格			1. 基层清理 2. 铺贴面层 3. 固定配件安装 4. 刷防护材料 5. 材料运输
011106007	木板楼梯面层	1. 基层材料种类、规格 2. 面层材料品种、规格、颜色 3. 粘结材料种类 4. 防护材料种类			1. 基层清理 2. 基层铺贴 3. 面层铺贴 4. 刷防护材料 5. 材料运输
011106008	橡胶板楼梯面层	1. 粘结层厚度、材料种类 2. 面层材料品种、规格、颜色 3. 压线条种类			1. 基层清理 2. 面层铺贴 3. 压缝条装钉 4. 材料运输
011106009	塑料板楼梯面层				

注：1. 在描述碎石材项目的面层材料特征时可不用描述规格、颜色；

2. 石材、块料与粘结材料的结合面刷防渗材料的种类在防护层材料种类中描述。

7. 台阶装饰

台阶装饰工程量清单项目设置、项目特征描述的内容、计量单位及工程量计算规则应按表 5-7 的规定执行。

台阶装饰（编码：011107）　　　　　　　　　　　表 5-7

项目编码	项目名称	项目特征	计量单位	工程量计算规则	工程内容
011107001	石材台阶面	1. 找平层厚度、砂浆配合比 2. 粘结材料种类 3. 面层材料品种、规格、颜色 4. 勾缝材料种类 5. 防滑条材料种类、规格 6. 防护材料种类	m²	按设计图示尺寸以台阶（包括最上层踏步边沿加300mm）水平投影面积计算	1. 基层清理 2. 抹找平层 3. 面层铺贴 4. 贴嵌防滑条 5. 勾缝 6. 刷防护材料 7. 材料运输
011107002	块料台阶面				
011107003	拼碎块料台阶面				

项目编码	项目名称	项目特征	计量单位	工程量计算规则	工程内容
011107004	水泥砂浆台阶面	1. 找平层厚度、砂浆配合比 2. 面层厚度、砂浆配合比 3. 防滑条材料种类			1. 基层清理 2. 抹找平层 3. 抹面层 4. 抹防滑条 5. 材料运输
011107005	现浇水磨石台阶面	1. 找平层厚度、砂浆配合比 2. 面层厚度、水泥石子浆配合比 3. 防滑条材料种类、规格 4. 石子种类、规格、颜色 5. 颜料种类、颜色 6. 磨光、酸洗、打蜡要求	m²	按设计图示尺寸以台阶（包括最上层踏步边沿加300mm）水平投影面积计算	1. 清理基层 2. 抹找平层 3. 抹面层 4. 贴嵌防滑条 5. 打磨、酸洗、打蜡 6. 材料运输
011107006	剁假石台阶面	1. 找平层厚度、砂浆配合比 2. 面层厚度、砂浆配合比 3. 剁假石要求			1. 清理基层 2. 抹找平层 3. 抹面层 4. 剁假石 5. 材料运输

注：1. 在描述碎石材项目的面层材料特征时可不用描述规格、颜色；
　　2. 石材、块料与粘结材料的结合面刷防渗材料的种类在防护层材料种类中描述。

8. 零星装饰项目

零星装饰项目工程量清单项目设置、项目特征描述的内容、计量单位及工程量计算规则应按表 5-8 的规定执行。

零星装饰项目（编码：011108）　　　　表 5-8

项目编码	项目名称	项目特征	计量单位	工程量计算规则	工程内容
011108001	石材零星项目	1. 工程部位 2. 找平层厚度、砂浆配合比 3. 贴结合层厚度、材料种类 4. 面层材料品种、规格、颜色 5. 勾缝材料种类 6. 防护材料种类 7. 酸洗、打蜡要求	m²	按设计图示尺寸以面积计算	1. 清理基层 2. 抹找平层 3. 面层铺贴、磨边 4. 勾缝 5. 刷防护材料 6. 酸洗、打蜡 7. 材料运输
011108002	拼碎石材零星项目				
011108003	块料零星项目				
011108004	水泥砂浆零星项目	1. 工程部位 2. 找平层厚度、砂浆配合比 3. 面层厚度、砂浆厚度			1. 清理基层 2. 抹找平层 3. 抹面层 4. 材料运输

注：1. 楼梯、台阶牵边和侧面镶贴块料面层，不大于 0.5m² 的少量分散的楼地面镶贴块料面层，应按本表执行；
　　2. 石材、块料与粘结材料的结合面刷防渗材料的种类在防护材料种类中描述。

【例 5-9】 如图 5-12 所示，某建筑入口地面做法为：清理基层，刷素水泥浆，1：3 水泥砂浆，水泥砂浆粘贴 500mm×500mm 大理石地面及大理石台阶，编制其工程量清单与计价表和工程量清单综合单价分析表。

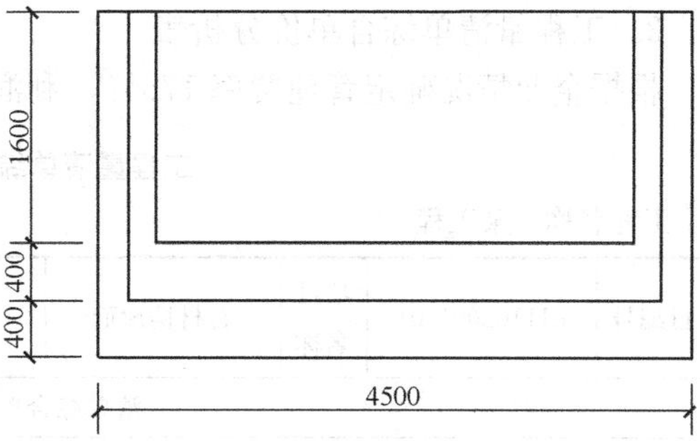

【解】

1. 清单工程量计算规则（见表 5-2、表 5-7）

图 5-12 某建筑大理石台阶（单位：mm）

2. 分部分项工程量清单与计价表

（1）清单工程量计算

根据表 5-2 块料面层得：

石材楼地面清单工程量＝（1.6－0.4）×（4.5－0.4×6）＝2.52m²

根据表 5-7 台阶装饰得：

石材台阶面清单工程量＝（1.6＋0.4×2）×4.5－2.52＝10.80－2.52＝8.28m²

（2）消耗量定额工程量及费用计算

①该项目发生的工程内容：楼地面大理石板铺贴，大理石台阶。

②依据消耗量定额计算规则，计算工程量

楼地面大理石板铺贴＝（1.6－0.4）×（4.5－0.4×6）＝2.52m²

石材台阶面＝（1.6＋0.4×2）×4.5－2.52＝10.80－2.52＝8.28m²

③计算清单项目每计量单位应包含的各项工程内容的工程数量

楼地面大理石板铺贴：2.52÷2.52＝1

大理石台阶：8.28÷8.28＝1

④参考《全统装饰定额》套用定额，并计算清单项目每计量单位所含各项工程内容人工、材料、机械价款。

（3）分部分项工程量清单与计价表

分部分项工程量清单与计价表

表 5-9

工程名称：某工程

序号	项目编号	项目名称	项目特征描述	计量单位	数量	综合单价	合价
						金额(元)	
1	011102001001	石材楼地面	1. 面层材料品种、规格：600mm×600mm-大理石板 2. 结合层材料种类：水泥砂浆1：3	m²	2.52	247.45	712.66
2	011107001002	石材台阶面	1. 面层材料品种、规格：大理石板 2. 结合层材料种类：水泥砂浆1：3	m²	8.28	294.43	1748.91
本页小计							2461.57
合　计							2461.57

3．工程量清单综合单价分析表

根据企业情况确定管理费率170％，利润率110％，计费基础为人工费。

工程量清单综合单价分析表

表5-10

工程名称：某工程

项目编号	011102001001	项目名称	石材楼地面	计量单位			m²			
清单综合单价组成明细										
定额编号	工程内容	单位	数量	单价（元·m⁻²）			合价（元·m⁻²）			
				人工费	材料费	机械费	人工费	材料费	机械费	管理费和利润
1-001	大理石楼地面	m²	1.00	6.23	223.00	0.78	6.23	223.00	0.78	17.44
人工单价			小计				6.23	223.00	0.78	17.44
25元/工日			未计价材料费							
清单项目综合单价							247.45			

工程量清单综合单价分析表

表5-11

工程名称：某工程

项目编号	011107001002	项目名称	石材台阶面	计量单位			m²			
清单综合单价组成明细										
定额编号	工程内容	单位	数量	单价（元·m⁻²）			合价（元·m⁻²）			
				人工费	材料费	机械费	人工费	材料费	机械费	管理费和利润
1-032	大理石台阶	m²	1.00	12.78	245.00	0.86	12.78	245.00	0.86	35.79
人工单价			小计				12.78	245.00	0.86	35.79
25元/工日			未计价材料费							
清单项目综合单价							294.43			

第四节　墙、柱面工程

一、定额说明

（1）本章定额凡注明砂浆种类、配合比、饰面材料及型材的型号规格与设计不同时，可按设计规定调整，但人工、机械消耗量不变。

（2）抹灰砂浆厚度，如设计与定额取定不同时，除定额有注明厚度的项目可以换算外，其他一律不作调整，见表5-12。

定额编号	项 目		砂 浆	厚度（mm）
2-001	水刷豆石	砖、混凝土墙面	水泥砂浆 1:3	12
			水泥豆砂浆 1:1.25	12
2-002		毛石墙面	水泥砂浆 1:3	18
			水泥豆砂浆 1:1.25	12
2-005	水刷白石子	砖、混凝土墙面	水泥砂浆 1:3	12
			水泥豆砂浆 1:1.25	10
2-006		毛石墙面	水泥砂浆 1:3	20
			水泥豆砂浆 1:1.25	10
2-009	水刷玻璃碴	砖、混凝土墙面	水泥砂浆 1:3	12
			水泥玻璃碴浆 1:1.25	12
2-010		毛石墙面	水泥砂浆 1:3	18
			水泥玻璃碴浆 1:1.25	12
2-013	干粘白石子	砖、混凝土墙面	水泥砂浆 1:3	18
2-014		毛石墙面	水泥砂浆 1:3	30
2-017	干粘玻璃碴	砖、混凝土墙面	水泥砂浆 1:3	18
2-018		毛石墙面	水泥砂浆 1:3	30
2-021	斩假石	砖、混凝土墙面	水泥砂浆 1:3	12
			水泥白石子砂浆 1:1.5	10
2-022		毛石墙面	水泥砂浆 1:3	18
			水泥白石子砂浆 1:1.5	10
2-025	墙柱面拉条	砖墙面	混合砂浆 1:0.5:2	14
			混合砂浆 1:0.5:1	10
2-026	墙柱面拉条	混凝土墙面	水泥砂浆 1:3	14
			混合砂浆 1:0.5:1	10
2-027	墙柱面甩毛	砖墙面	混合砂浆 1:1:6	12
			混合砂浆 1:1:4	6
2-028		混凝土墙面	水泥砂浆 1:3	10
			水泥砂浆 1:1.25	6

注：1. 每增减一遍水泥浆或107胶素水泥浆，每 m² 增减人工 0.01 工日，素水泥浆或 107 胶素水泥浆 0.0012m³；

2. 每增减 1mm 厚砂浆，每平方米增减砂浆 0.0012m³。

（3）圆弧形、锯齿形等不规则墙面抹灰，镶贴块料按相应项目人工乘以系数 1.15，材料乘以系数 1.05。

（4）离缝镶贴面砖定额子目，面砖消耗量分别按缝宽 5mm、10mm 和 20mm 考虑，如灰缝不同或灰缝超过 20mm 以上者，其块料及灰缝材料（水泥砂浆 1:1）用量允许调整，其他不变。

（5）镶贴块料和装饰抹灰的"零星项目"适用于挑檐、天沟、腰线、窗台线、门窗套、压顶、扶手、雨篷周边等。

（6）木龙骨基层是按双向计算的，如设计为单向时，材料、人工用量乘以系数 0.55。

（7）定额木材种类除注明者外，均以一、二类木种为准，如采用三、四类木种时，人工及机械乘以系数 1.3。

（8）面层、隔墙（间壁）、隔断（护壁）定额内，除注明者外均未包括压条、收边、装饰线（板），如设计要求时，应按相应子目执行。

（9）面层、木基层均未包括刷防火涂料，如设计要求时，应按本章相应子目执行。

（10）玻璃幕墙设计有平开、推拉窗者，仍执行幕墙定额，窗型材、窗五金相应增加，其他不变。

（11）玻璃幕墙中的玻璃按成品玻璃考虑，幕墙中的避雷装置、防火隔离层定额已综合，但幕墙的封边、封顶的费用另行计算。

（12）隔墙（间壁）、隔断（护壁）、幕墙等定额中龙骨间距、规格如与设计不同时，定额用量允许调整。

二、基础定额工程量计算规则

（1）外墙面装饰抹灰面积，按垂直投影面积计算，扣除门窗洞口和 0.3m² 以上的孔洞所占的面积，门窗洞口及孔洞侧壁面积亦不增加。附墙柱侧面抹灰面积并入外墙抹灰面积工程量内。

（2）柱抹灰按结构断面周长乘以高度计算。

（3）女儿墙（包括泛水、挑砖）、阳台栏板（不扣除花格所占孔洞面积）内侧抹灰按垂直投影面积乘以系数 1.10，带压顶者乘系数 1.30 按墙面定额执行。

（4）"零星项目"按设计图示尺寸以展开面积计算。

（5）墙面贴块料面层，按实贴面积计算。

（6）墙面贴块料、饰面高度在 300mm 以内者，按踢脚板定额执行。

（7）柱饰面面积按外围饰面尺寸乘以高度计算。

（8）挂贴大理石、花岗岩中其他零星项目的花岗岩、大理石是按成品考虑的，花岗岩、大理石柱墩、柱帽按最大外径周长计算。

（9）除定额已列有柱帽、柱墩的项目外，其他项目的柱帽、柱墩工程量按设计图示尺寸以展开面积计算，并入相应柱面积内，每个柱帽或柱墩另增人工：抹灰 0.25 工日，块料 0.38 工日，饰面 0.5 工日。

（10）隔断按墙的净长乘净高计算，扣除门窗洞口及 0.3m² 以上的孔洞所占面积。

（11）全玻隔断的不锈钢边框工程量按边框展开面积计算。

（12）全玻隔断、全玻幕墙如有加强肋者，工程量按其展开面积计算；玻璃幕墙、铝板幕墙以框外围面积计算。

（13）装饰抹灰分格、嵌缝按装饰抹灰面积计算。

【例 5-10】 某砖结构工程如图 5-13 所示，内墙面抹 1：2 水泥砂浆打底，1：3 石灰砂浆找平层，麻刀石灰浆面层，共 20mm 厚。内墙裙采用 1：3 水泥砂浆打底（19mm 厚），

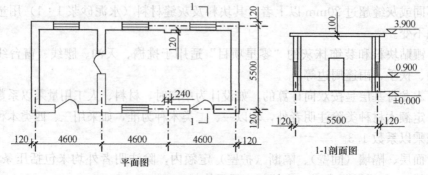

图 5-13　某砖结构工程示意图（尺寸单位：mm）

1：2.5水泥砂浆面层（6mm厚），计算墙面一般抹灰工程量（单开门尺寸为1100mm×2700mm，窗尺寸为1600mm×1700mm，墙裙高900mm）。

【分析】

内墙面抹灰工程量＝内墙面面积－门窗洞口的空圈所占面积＋墙垛、
$$\text{附墙烟囱侧壁面积} \tag{5-1}$$

内墙裙抹灰工程量＝内墙面净长度×内墙裙抹灰高度－门窗洞口和空圈所占面积
$$\text{＋墙垛、附墙烟囱侧壁面积} \tag{5-2}$$

【解】

内墙面抹灰工程量＝[(4.6×3－0.24×2＋0.12×2)×2＋(5.50－0.24)×4]
×(3.90－0.10－0.90)－1.10×(2.70－0.90)×4－1.60×1.70
×4＝120.864m²

内墙裙工程量＝[(4.60×3－0.24×2＋0.12×2)×2＋(5.50－0.24)×4－1.10×4]
×0.90＝39.384m²

三、工程量清单项目设置及工程量计算规则

1. 墙面抹灰

墙面抹灰工程量清单项目的设置、项目特征描述的内容、计量单位及工程量计算规则应按表5-13的规定执行。

墙面抹灰（编码：011201） 表5-13

项目编码	项目名称	项目特征	计量单位	工程量计算规则	工程内容
011201001	墙面一般抹灰	1. 墙体类型 2. 底层厚度、砂浆配合比 3. 面层厚度、砂浆配合比 4. 装饰面材料种类 5. 分格缝宽度、材料种类	m²	按设计图示尺寸以面积计算。扣除墙裙、门窗洞口及单个>0.3m²的孔洞面积，不扣除踢脚线、挂镜线和墙与构件交接处的面积，门窗洞口和孔洞的侧壁及顶面不增加面积。附墙柱、梁、垛、烟囱侧壁并入相应的墙面面积内 1. 外墙抹灰面积按外墙垂直投影面积计算 2. 外墙裙抹灰面积按其长度乘以高度计算 3. 内墙抹灰面积按主墙间的净长乘以高度计算 （1）无墙裙的，高度按室内楼地面至天棚底面计算 （2）有墙裙的，高度按墙裙顶至天棚底面计算 （3）有吊顶天棚抹灰，高度算至天棚底 4. 内墙裙抹灰面按内墙净长乘以高度计算	1. 基层清理 2. 砂浆制作、运输 3. 底层抹灰 4. 抹面层 5. 抹装饰面 6. 勾分格缝
011201002	墙面装饰抹灰				
011201003	墙面勾缝	1. 勾缝类型 2. 勾缝材料种类			1. 基层清理 2. 砂浆制作、运输 3. 勾缝
011201004	立面砂浆找平层	1. 基层类型 2. 找平层砂浆厚度、配合比			1. 基层清理 2. 砂浆制作、运输 3. 抹灰找平

注：1. 立面砂浆找平项目适用于仅做找平层的立面抹灰；
  2. 墙面抹石灰砂浆、水泥砂浆、混合砂浆、聚合物水泥砂浆、麻刀石灰浆、石膏灰浆等按本表中墙面一般抹灰列项；墙面水刷石、斩假石、干粘石、假面砖等按本表中墙面装饰抹灰列项；
  3. 飘窗凸出外墙面增加的抹灰并入外墙工程量内；
  4. 有吊顶天棚的内墙面抹灰，抹至吊顶以上部分在综合单价中考虑。

2. 柱（梁）面抹灰

柱（梁）面抹灰工程量清单项目的设置、项目特征描述的内容、计量单位及工程量计算规则应按表 5-14 的规定执行。

柱（梁）面抹灰（编码：011202）　　　　　　　表 5-14

项目编码	项目名称	项目特征	计量单位	工程量计算规则	工程内容
011202001	柱、梁面一般抹灰	1. 柱（梁）体类型 2. 底层厚度、砂浆配合比 3. 面层厚度、砂浆配合比 4. 装饰面材料种类 5. 分格缝宽度、材料种类	m²	1. 柱面抹灰：按设计图示柱断面周长乘高度以面积计算 2. 梁面抹灰：按设计图示梁断面周长乘长度以面积计算	1. 基层清理 2. 砂浆制作、运输 3. 底层抹灰 4. 抹面层 5. 勾分格缝
011202002	柱、梁面装饰抹灰				
011202003	柱、梁面砂浆找平	1. 柱（梁）体类型 2. 找平的砂浆厚度、配合比			1. 基层清理 2. 砂浆制作、运输 3. 抹灰找平
011202004	柱面勾缝	1. 勾缝类型 2. 勾缝材料种类		按设计图示柱断面周长乘高度以面积计算	1. 基层清理 2. 砂浆制作、运输 3. 勾缝

注：1. 砂浆找平项目适用于仅做找平层的柱（梁）面抹灰；

2. 柱（梁）抹石灰砂浆、水泥砂浆、混合砂浆、聚合物水泥砂浆、麻刀石灰浆、石膏灰浆等按本表中柱（梁）面一般抹灰编码列项；柱（梁）面水刷石、斩假石、干粘石、假面砖等按本表中柱（梁）面装饰抹灰项目编码列项。

3. 零星抹灰

零星抹灰工程量清单项目设置、项目特征描述的内容、计量单位及工程量计算规则应按表 5-15 的规定执行。

零星抹灰（编码：011203）　　　　　　　表 5-15

项目编码	项目名称	项目特征	计量单位	工程量计算规则	工程内容
011203001	零星项目一般抹灰	1. 基层类型、部位 2. 底层厚度、砂浆配合比 3. 面层厚度、砂浆配合比 4. 装饰面材料种类 5. 分格缝宽度、材料种类	m²	按设计图示尺寸以面积计算	1. 基层清理 2. 砂浆制作、运输 3. 底层抹灰 4. 抹面层 5. 抹装饰面 6. 勾分格缝
011203002	零星项目装饰抹灰				
011203003	零星项目砂浆找平	1. 基层类型、部位 2. 找平的砂浆厚度、配合比			1. 基层清理 2. 砂浆制作、运输 3. 抹灰找平

注：1. 零星项目抹石灰砂浆、水泥砂浆、混合砂浆、聚合物水泥砂浆、麻刀石灰浆、石膏灰浆等按本表中零星项目一般抹灰编码列项，水刷石、斩假石、干粘石、假面砖等按本表中零星项目装饰抹灰编码列项；

2. 墙、柱（梁）面≤0.5m² 的少量分散的抹灰按本表中零星抹灰项目编码列项。

4. 墙面块料面层

墙面块料面层工程量清单项目的设置、项目特征描述的内容、计量单位及工程量计算规则应按表 5-16 的规定执行。

墙面块料面层（编码：011204） 表 5-16

项目编码	项目名称	项目特征	计量单位	工程量计算规则	工程内容
011204001	石材墙面	1. 墙体类型 2. 安装方式 3. 面层材料品种、规格、颜色 4. 缝宽、嵌缝材料种类 5. 防护材料种类 6. 磨光、酸洗、打蜡要求	m²	按镶贴表面积计算	1. 基层清理 2. 砂浆制作、运输 3. 粘结层铺贴 4. 面层安装 5. 嵌缝 6. 刷防护材料 7. 磨光、酸洗、打蜡
011204002	拼碎石材墙面				
011204003	块料墙面				
011204004	干挂石材钢骨架	1. 骨架种类、规格 2. 防锈漆品种遍数	t	按设计图示尺寸以质量计算	1. 骨架制作、运输、安装 2. 刷漆

注：1. 在描述碎块项目的面层材料特征时可不用描述规格、颜色；
2. 石材、块料与粘结材料的结合面刷防渗材料的种类在防护层材料种类中描述；
3. 安装方式可描述为砂浆或粘接剂粘贴、挂贴、干挂等，不论哪种安装方式，都要详细描述与组价相关的内容。

5. 柱（梁）面镶贴块料

柱（梁）面镶贴块料工程量清单项目的设置、项目特征描述的内容、计量单位及工程量计算规则应按表 5-17 的规定执行。

柱（梁）面镶贴块料（编码：011205） 表 5-17

项目编码	项目名称	项目特征	计量单位	工程量计算规则	工程内容
011205001	石材柱面	1. 柱截面类型、尺寸 2. 安装方式 3. 面层材料品种、规格、颜色 4. 缝宽、嵌缝材料种类 5. 防护材料种类 6. 磨光、酸洗、打蜡要求	m²	按镶贴表面积计算	1. 基层清理 2. 砂浆制作、运输 3. 粘结层铺贴 4. 面层安装 5. 嵌缝 6. 刷防护材料 7. 磨光、酸洗、打蜡
011205002	块料柱面				
011205003	拼碎块柱面				
011205004	石材梁面	1. 安装方式 2. 面层材料品种、规格、颜色 3. 缝宽、嵌缝材料种类 4. 防护材料种类 5. 磨光、酸洗、打蜡要求			
011205005	块料梁面				

注：1. 在描述碎块项目的面层材料特征时可不用描述规格、颜色；
2. 石材、块料与粘接材料的结合面刷防渗材料的种类在防护层材料种类中描述；
3. 柱梁面干挂石材的钢骨架按表 5-16 相应项目编码列项。

6. 镶贴零星块料

镶贴零星块料工程量清单项目的设置、项目特征描述的内容、计量单位及工程量计算规则应按表 5-18 的规定执行。

表 5-18

项目编码	项目名称	项目特征	计量单位	工程量计算规则	工程内容
011206001	石材零星项目	1. 基层类型、部位 2. 安装方式 3. 面层材料品种、规格、颜色 4. 缝宽、嵌缝材料种类 5. 防护材料种类 6. 磨光、酸洗、打蜡要求	m²	按镶贴表面积计算	1. 基层清理 2. 砂浆制作、运输 3. 面层安装 4. 嵌缝 5. 刷防护材料 6. 磨光、酸洗、打蜡
011206002	块料零星项目				
011206003	拼碎块零星项目				

注：1. 在描述碎块项目的面层材料特征时可不用描述规格、颜色；
　　2. 石材、块料与粘接材料的结合面刷防渗材料的种类在防护材料种类中描述；
　　3. 零星项目干挂石材的钢骨架按表 5-16 相应项目编码列项；
　　4. 墙柱面≤0.5m² 的少量分散的镶贴块料面层应按本表中零星项目执行。

7. 墙饰面

墙饰面工程量清单项目的设置、项目特征描述的内容、计量单位及工程量计算规则应按表 5-19 的规定执行。

表 5-19

项目编码	项目名称	项目特征	计量单位	工程量计算规则	工程内容
011207001	墙面装饰板	1. 龙骨材料种类、规格、中距 2. 隔离层材料种类、规格 3. 基层材料种类、规格 4. 面层材料品种、规格、颜色 5. 压条材料种类、规格	m²	按设计图示墙净长乘净高以面积计算。扣除门窗洞口及单个＞0.3m² 的孔洞所占面积	1. 基层清理 2. 龙骨制作、运输、安装 3. 钉隔离层 4. 基层铺钉 5. 面层铺贴
011207002	墙面装饰浮雕	1. 基层类型 2. 浮雕材料种类 3. 浮雕样式		按设计图示尺寸以面积计算	1. 基层清理 2. 材料制作、运输 3. 安装成型

8. 柱（梁）饰面

柱（梁）饰面工程量清单项目的设置、项目特征描述的内容、计量单位及工程量计算规则应按表 5-20 的规定执行。

表 5-20

项目编码	项目名称	项目特征	计量单位	工程量计算规则	工程内容
011208001	柱（梁）面装饰	1. 龙骨材料种类、规格、中距 2. 隔离层材料种类 3. 基层材料种类、规格 4. 面层材料品种、规格、颜色 5. 压条材料种类、规格	m²	按设计图示饰面外围尺寸以面积计算。柱帽、柱墩并入相应柱饰面工程量内	1. 清理基层 2. 龙骨制作、运输、安装 3. 钉隔离层 4. 基层铺钉 5. 面层铺贴
011208002	成品装饰柱	1. 柱截面、高度尺寸 2. 柱材质	1. 根 2. m	1. 以根计算，按设计数量计算 2. 以米计算，按设计长度计算	柱运输、固定、安装

9. 幕墙工程

幕墙工程工程量清单项目的设置、项目特征描述的内容、计量单位及工程量计算规则应按表 5-21 的规定执行。

幕墙（编码：011209） 表 5-21

项目编码	项目名称	项目特征	计量单位	工程量计算规则	工程内容
011209001	带骨架幕墙	1. 骨架材料种类、规格、中距 2. 面层材料品种、规格、颜色 3. 面层固定方式 4. 隔离带、框边封闭材料品种、规格 5. 嵌缝、塞口材料种类	m²	按设计图示框外围尺寸以面积计算。与幕墙同种材质的窗所占面积不扣除	1. 骨架制作、运输、安装 2. 面层安装 3. 隔离带、框边封闭 4. 嵌缝、塞口 5. 清洗
011209002	全玻（无框玻璃）幕墙	1. 玻璃品种、规格、颜色 2. 粘结塞口材料种类 3. 固定方式		按设计图示尺寸以面积计算。带肋全玻幕墙按展开面积计算	1. 幕墙安装 2. 嵌缝、塞口 3. 清洗

注：幕墙钢骨架按表 5-16 干挂石材钢骨架编码列项。

10. 隔断

隔断工程量清单项目的设置、项目特征描述的内容、计量单位及工程量计算规则应按表 5-22 的规定执行。

隔断（编码：011210） 表 5-22

项目编码	项目名称	项目特征	计量单位	工程量计算规则	工程内容
011210001	木隔断	1. 骨架、边框材料种类、规格 2. 隔板材料品种、规格、颜色 3. 嵌缝、塞口材料品种 4. 压条材料种类	m²	按设计图示框外围尺寸以面积计算。不扣除单个≤0.3m²的孔洞所占面积；浴厕门的材质与隔断相同时，门的面积并入隔断面积内	1. 骨架及边框制作、运输、安装 2. 隔板制作、运输、安装 3. 嵌缝、塞口 4. 装钉压条
011210002	金属隔断	1. 骨架、边框材料种类、规格 2. 隔板材料品种、规格、颜色 3. 嵌缝、塞口材料品种			1. 骨架及边框制作、运输、安装 2. 隔板制作、运输、安装 3. 嵌缝、塞口
011210003	玻璃隔断	1. 边框材料种类、规格 2. 玻璃品种、规格、颜色 3. 嵌缝、塞口材料品种		按设计图示框外围尺寸以面积计算。不扣除单个≤0.3m²的孔洞所占面积	1. 边框制作、运输、安装 2. 玻璃制作、运输、安装 3. 嵌缝、塞口
011210004	塑料隔断	1. 边框材料种类、规格 2. 隔板材料品种、规格、颜色 3. 嵌缝、塞口材料品种			1. 骨架及边框制作、运输、安装 2. 隔板制作、运输、安装 3. 嵌缝、塞口

项目编码	项目名称	项目特征	计量单位	工程量计算规则	工程内容
011210005	成品隔断	1. 隔断材料品种、规格、颜色 2. 配件品种、规格	1. m² 2. 间	1. 以平方米计量，按设计图示框外围尺寸以面积计算 2. 以间计量，按设计间的数量计算	1. 隔断运输、安装 2. 嵌缝、塞口
011210006	其他隔断	1. 骨架、边框材料种类、规格 2. 隔板材料品种、规格、颜色 3. 嵌缝、塞口材料品种	m²	按设计图示框外围尺寸以面积计算。不扣除单个≤0.3m²的孔洞所占面积	1. 骨架及边框安装 2. 隔板安装 3. 嵌缝、塞口

【例5-11】 某工程平面及剖面图如图5-14所示，墙面为混凝土墙面，内墙抹1∶3水泥砂浆，层净高3m。试编制分部分项工程量清单与计价表和工程量清单综合单价分析表。

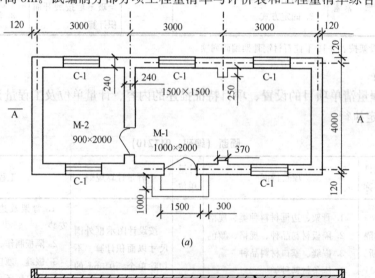

(a)

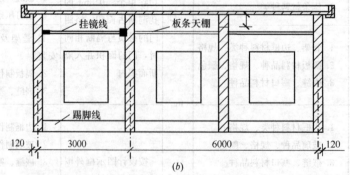

(b)

图5-14 某工程平面及剖面图（单位：mm）

(a) 平面图；(b) A-A剖面图

【解】

1. 清单工程量计算规则（见表5-13）

2. 分部分项工程量清单与计价表（见表 5-23）

（1）业主根据施工图计算

内墙抹灰工程量＝（6－0.24＋0.25×2＋4－0.24）×2×3－1.5×1.5×3－1×2－0.9

×2＋（3－0.24＋4－0.24）×2×3.0－1.5×1.5×2－0.9×2×1

＝82.39m²

（2）投标人根据施工图及施工方案计算

①内墙面抹 1：3 水泥砂浆

人工费：4.80×82.39＝395.47 元

材料费：4.10×82.39＝337.80 元

机械费：0.44×82.39＝36.25 元

②综合

直接费合计：395.47＋337.80＋36.25＝769.52 元

管理费：769.52×34％＝261.64 元

利润：769.52×5％＝38.48 元

总计：769.52＋261.64＋38.48＝1069.64 元

综合单价：1069.64－82.39＝12.98 元·m⁻²

分部分项工程量清单与计价表　　　　　　　　　　表 5-23

序号	项目编号	项目名称	项目特征描述	计量单位	数量	金额（元）	
						综合单价	合价
1	011201001001	墙面一般抹灰	混凝土墙面内墙面抹 1：3 水泥砂浆厚度为 6mm	m²	82.39	12.98	1069.64
			本页小计				1069.64
			合　　计				1069.64

3. 工程量清单综合单价分析表

填制工程量清单综合单价分析表（见表 5-24）。

工程量清单综合单价分析表　　　　　　　　　　表 5-24

工程名称：某工程

项目编号	011201001001	项目名称	墙面一般抹灰	计量单位	m²

清单综合单价组成明细

定额编号	工程内容	单位	数量	单价（元·m⁻²）			合价（元·m⁻²）			
				人工费	材料费	机械费	人工费	材料费	机械费	管理费和利润
3-82	内墙面抹 1：3 水泥砂浆	m²	1.00	4.80	4.10	0.44	4.80	4.10	0.44	3.92
	人工单价		小计				4.80	4.10	0.44	3.92
25 元/工日			未计价材料费							
	清单项目综合单价						13.26			

65

第五节 天棚工程

一、定额说明

（1）本定额除部分项目为龙骨、基层、面层合并列项外，其余均为天棚龙骨、基层、面层分别列项编制。

（2）本定额龙骨的种类、间距、规格和基层、面层材料的型号、规格是按常用材料和常用做法考虑的，如设计要求不同时，材料可以调整，但人工、机械不变。

（3）天棚面层在同一标高者为平面天棚，天棚面层不在同一标高者为跌级天棚（跌级天棚其面层人工乘系数1.1）。

（4）轻钢龙骨、铝合金龙骨定额中为双层结构（即中、小龙骨紧贴大龙骨底面吊挂），如为单层结构时（大、中龙骨底面在同一水平上），人工乘系数0.85。

（5）本定额中平面天棚和跌级天棚指一般直线型天棚，不包括灯光槽的制作安装。灯光槽制作安装应按本章相应子目执行。艺术造型天棚项目中包括灯光槽的制作安装。

（6）龙骨架、基层、面层的防火处理，应按本定额相应子目执行。

（7）天棚检查孔的工料已包括在定额项目内，不另计算。

二、基础定额工程量计算规则

（1）各种吊顶天棚龙骨按主墙间净空面积计算，不扣除间壁墙、检查洞、附墙烟囱、柱、垛和管道所占面积。

（2）天棚基层按展开面积计算。

（3）天棚装饰面层，按主墙间实钉（胶）面积以平方米计算，不扣除间壁墙、检查洞、附墙烟囱、垛和管道所占面积，但应扣除 $0.3m^2$ 以上的孔洞、独立柱、灯槽及与天棚相连的窗帘盒所占的面积。

（4）本章定额中龙骨、基层、面层合并列项的子目，工程量计算规则同第一条。

（5）板式楼梯底面的装饰工程量按水平投影面积乘以系数1.15计算，梁式楼梯底面按展开面积计算。

（6）灯光槽按延长米计算。

（7）保温层按实铺面积计算。

（8）网架按水平投影面积计算。

（9）嵌缝按延长米计算。

【例5-12】 某酒店包房吊顶图如图5-15所示，试根据计算规则，计算其吊顶面层工程量。

【解】 根据计算规则，天棚面层实际工程量计算如下：

天棚面层工程量＝$(5.98-0.1-0.15)\times(3.6-0.1\times2)=5.73\times3.4=19.48m^2$

窗帘盒面积＝$0.14\times3.4=0.48m^2$

展开面积＝$[(2.75-2.65)+(2.9-2.75)+0.15+0.08]\times3.4=1.63m^2$

天棚面层实际工程量＝$19.48-0.48+1.63=20.63m^2$

三、工程量清单项目设置及工程量计算规则

1. 天棚抹灰

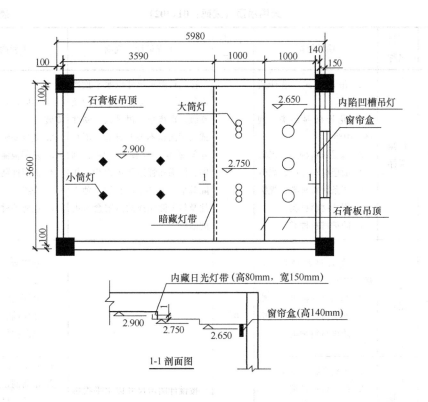

图 5-15　包房天花图（单位：mm）

天篷抹灰工程量清单项目的设置、项目特征描述的内容、计量单位及工程量计算规则
应按表 5-25 的规定执行。

天棚抹灰（编码：011301）　　　　　　　　　　　　　　　表 5-25

项目编码	项目名称	项目特征	计量单位	工程量计算规则	工程内容
011301001	天棚抹灰	1. 基层类型 2. 抹灰厚度、材料种类 3. 砂浆配合比	m²	按设计图示尺寸以水平投影面积计算。不扣除间壁墙、垛、柱、附墙烟囱、检查口和管道所占的面积，带梁天棚的梁两侧抹灰面积并入天棚面积内，板式楼梯底面抹灰按斜面积计算，锯齿形楼梯底板抹灰按展开面积计算	1. 基层清理 2. 底层抹灰 3. 抹面层

2. 天棚吊顶

天棚吊顶工程量清单项目的设置、项目特征描述的内容、计量单位及工程量计算规则
应按表 5-26 的规定执行。

项目编码	项目名称	项目特征	计量单位	工程量计算规则	工程内容
011302001	吊顶天棚	1. 吊顶形式、吊杆规格、高度 2. 龙骨材料种类、规格、中距 3. 基层材料种类、规格 4. 面层材料品种、规格 5. 压条材料种类、规格 6. 嵌缝材料种类 7. 防护材料种类		按设计图示尺寸以水平投影面积计算。天棚面中的灯槽及跌级、锯齿形、吊挂式、藻井式天棚面积不展开计算。不扣除间壁墙、检查口、附墙烟囱、柱垛和管道所占面积，扣除单个＞0.3m² 的孔洞、独立柱及与天棚相连的窗帘盒所占的面积	1. 基层清理、吊杆安装 2. 龙骨安装 3. 基层板铺贴 4. 面层铺贴 5. 嵌缝 6. 刷防护材料
011302002	格栅吊顶	1. 龙骨材料种类、规格、中距 2. 基层材料种类、规格 3. 面层材料品种、规格 4. 防护材料种类	m²		1. 基层清理 2. 安装龙骨 3. 基层板铺贴 4. 面层铺贴 5. 刷防护材料
011302003	吊筒吊顶	1. 吊筒形状、规格 2. 吊筒材料种类 3. 防护材料种类		按设计图示尺寸以水平投影面积计算	1. 基层清理 2. 吊筒制作安装 3. 刷防护材料
011302004	藤条造型悬挂吊顶	1. 骨架材料种类、规格 2. 面层材料品种、规格			1. 基层清理 2. 龙骨安装 3. 铺贴面层
011302005	织物软雕吊顶				
011302006	装饰网架吊顶	网架材料品种、规格			1. 基层清理 2. 网架制作安装

3. 采光天棚

采光天棚工程量清单项目的设置、项目特征描述的内容、计量单位及工程量计算规则应按表 5-27 的规定执行。

项目编码	项目名称	项目特征	计量单位	工程量计算规则	工程内容
011303001	采光天棚	1. 骨架类型 2. 固定类型、固定材料品种、规格 3. 面层材料品种、规格 4. 嵌缝、塞口材料种类	m²	按框外围展开面积计算	1. 清理基层 2. 面层制安 3. 嵌缝、塞口 4. 清洗

注：采光天棚骨架不包括在本节中，应单独按《房屋建筑与装饰工程工程量计算规范》附录 F 相关项目编码列项。

4. 天棚其他装饰

天棚其他装饰工程量清单项目的设置、项目特征描述的内容、计量单位及工程量计算规则应按表 5-28 的规定执行。

天棚其他装饰（编码：011304） 表 5-28

项目编码	项目名称	项目特征	计量单位	工程量计算规则	工程内容
011304001	灯带（槽）	1. 灯带型式、尺寸 2. 格栅片材料品种、规格 3. 安装固定方式	m²	按设计图示尺寸以框外围面积计算	安装、固定
011304002	送风口、回风口	1. 风口材料品种、规格 2. 安装固定方式 3. 防护材料种类	个	按设计图示数量计算	1. 安装、固定 2. 刷防护材料

【例 5-13】 某办公室吊顶平面图如图 5-16 所示，编制其工程量清单。

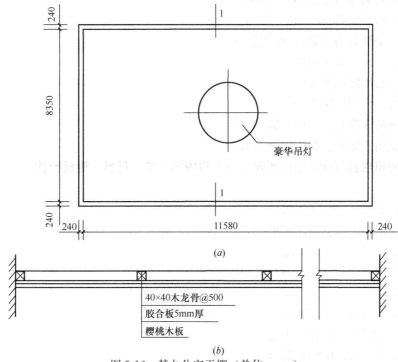

图 5-16 某办公室天棚（单位：mm）

(a) 屋顶平面图；(b) 1-1 剖面

【解】

1. 清单工程量计算规则（见表 5-26 和表 5-52）

2. 分部分项工程量清单与计价表

（1）清单工程量计算

根据表 5-26 天棚吊顶，清单工程量为：

$$11.58 \times 8.35 = 96.69 \text{m}^2$$

（2）消耗量定额工程量及费用计算

①该项目发生的工程内容：制作、安装木楞、混凝土板下的木楞刷防腐油；安装天棚基、面层，面层清扫、磨砂纸、刮腻子、刷底油、油色、刷清漆两遍；龙骨、基层刷防火涂料两遍。

②依据《消耗量定额》计算规则，计算工程量

木龙骨：$8.35 \times 11.58 = 96.69 \text{m}^2$

胶合板：$8.35 \times 11.58 = 96.69 \text{m}^2$

樱桃木板：$8.35 \times 11.58 = 96.69 \text{m}^2$

木龙骨刷防火涂料：$8.35 \times 11.58 = 96.69 \text{m}^2$

木板面刷防火涂料：$8.35 \times 11.58 = 96.69 \text{m}^2$

③计算清单项目每计量单位应包含的各项工程内容的工程数量

木龙骨：$96.69 \div 96.69 = 1 \text{m}^2$

胶合板：$96.69 \div 96.69 = 1 \text{m}^2$

樱桃木板：$96.69 \div 96.69 = 1 \text{m}^2$

木龙骨刷防火涂料：$96.69 \div 96.69 = 1 \text{m}^2$

木板面刷防火涂料：$96.69 \div 96.69 = 1 \text{m}^2$

④参考《全统装饰定额》，套用定额

木龙骨：套用定额 3-018

胶合板：套用定额 3-075

樱桃木板：套用定额 3-107

木龙骨刷防火涂料：套用定额 5-176

木板面刷防火涂料：套用定额 5-158

⑤计算清单项目每计量单位所含各项工程内容人工、材料、机械价款

木龙骨：

人工费：$4.00 \times 1 = 4.00$ 元

材料费：$34.16 \times 1 = 34.16$ 元

机械费：$0.05 \times 1 = 0.05$ 元

小计：$4.00 + 34.16 + 0.05 = 38.21$ 元

胶合板：

人工费：$1.78 \times 1 = 1.78$ 元

材料费：$19.50 \times 1 = 19.50$ 元

小计：$1.78 + 19.50 = 21.28$ 元

樱桃木板：

人工费：$3.00 \times 1 = 3.00$ 元

材料费：$34.33 \times 1 = 34.33$ 元

小计：$3.00 + 34.33 = 37.33$ 元

油漆：

人工费：$3.65 \times 1 = 3.65$ 元

材料费：$2.38 \times 1 = 2.38$ 元

小计：$3.65 + 2.38 = 6.03$ 元

木龙骨刷防火涂料：

人工费：$3.88 \times 1 = 3.88$ 元

材料费：$5.59 \times 1 = 5.59$ 元

小计：3.88＋5.59＝9.47 元

木板面刷防火涂料：

人工费：2.24×1＝2.24 元

材料费：3.71×1＝3.71 元

小计：2.24＋3.71＝5.95 元

（3）分部分项工程量清单与计价表

分部分项工程量清单与计价表　　　　　　　　　　表 5-29

工程名称：某工程

序号	项目编号	项目名称	项目特征描述	计量单位	数量	金额（元）	
						综合单价	合价
1	011302001001	天棚吊顶	1. 吊顶形式：平面天棚 2. 龙骨材料类型、中距；木龙骨、面层规格 450mm×450mm 3. 基层、面层材料：胶合板、樱桃木板	m²	96.69	121.41	11739.13
2	011404007002	天棚面油漆	油漆、防护：刷清漆两遍、刷防火涂料两遍	m²	96.69	48.81	4719.44
			本页小计				16458.57
			合　计				16458.57

3. 工程量清单综合单价分析表

根据企业情况确定管理费率 170%，利润 110%，计费基础为人工费。

工程量清单综合单价分析表　　　　　　　　　　表 5-30

工程名称：某工程

项目编号	011302001001	项目名称		天棚吊顶		计量单位		m²	
清单综合单价组成明细									
定额编号	工程内容	单位	数量	单价（元·m⁻²）			合价（元·m⁻²）		
				人工费	材料费	机械费	人工费	材料费	机械费	管理费和利润

定额编号	工程内容	单位	数量	人工费	材料费	机械费	人工费	材料费	机械费	管理费和利润
3-018	制作、安装木楞、混凝土板下的木楞刷防腐油	m²	1.00	4.00	34.16	0.05	4.00	34.16	0.05	11.20
3-075	安装天棚基层五合板基层	m²	1.00	1.78	19.50	0.00	1.78	19.50	0.00	4.99
3-107	安装面层樱桃板面层	m²	1.00	3.00	34.33	0.00	3.00	34.33	0.00	8.40
人工单价			小计				8.78	87.99	0.05	24.59
25 元/工日			未计价材料费							
清单项目综合单价							121.41			

71

工程名称：某工程

项目编号			011302001001		项目名称	天棚面油漆	计量单位		m²

清单综合单价组成明细

定额编号	工程内容	单位	数量	单价（元·m⁻²）			合价（元·m⁻²）			
				人工费	材料费	机械费	人工费	材料费	机械费	管理费和利润
5-060	面层清扫、磨砂纸、刮腻子、刷底油、油色、刷清漆两遍	m²	1.00	3.65	2.38	0.00	3.65	2.38	0.00	10.23
5-159	木龙骨刷防火涂料两遍	m²	1.00	3.88	5.59	0.00	3.88	5.59	0.00	10.86
5-164	木板面单面刷防火涂料两遍	m²	1.00	2.24	3.71	0.00	2.24	3.71	0.00	6.27
人工单价			小计				9.77	11.68	0.00	27.36
25 元/工日			未计价材料费							
清单项目综合单价							48.81			

$$\text{第六节 门 窗 工 程}$$

一、定额说明

（1）铝合金门窗制作、安装项目不分现场或施工企业附属加工厂制作，均执行本定额。

（2）铝合金地弹门制作型材（框料）按 101.6mm×44.5mm、厚 1.5mm 方管制定，单扇平开门、双扇平开窗按 38 系列制定，推拉窗按 90 系列（厚 1.5mm）制定。如实际采用的型材断面及厚度与定额取定规格不符者，可按图示尺寸乘以密度加 6% 的施工耗损计算型材重量。

（3）装饰板门扇制作安装按木龙骨、基层、饰面板面层分别计算。

（4）成品门窗安装项目中，门窗附件按包含在成品门窗单价内考虑；铝合金门窗制作、安装项目中未含五金配件，五金配件按本章附表选用。

二、基础定额工程量计算规则

（1）铝合金门窗、彩板组角门窗、塑钢门窗安装均按洞口面积以 m² 计算。纱扇制作安装按扇外围面积计算。

（2）卷闸门安装按其安装高度乘以门的实际宽度以 m² 计算。安装高度算至滚筒顶点为准。带卷闸罩的按展开面积增加。电动装置安装以套计算，小门安装以个计算，小门面积不扣除。

（3）防盗门、防盗窗、不锈钢格栅门按框外围面积以 m² 计算。

（4）成品防火门以框外围面积计算，防火卷帘门从地（楼）面算至端板顶点乘以设计宽度。

（5）实木门框制作安装以延长 m 计算。实木门扇制作安装及装饰门扇制作按扇外围面积计算。装饰门扇及成品门扇安装按扇计算。

（6）木门扇皮制隔声面层和装饰板隔声面层，按单面面积计算。

（7）不锈钢板包门框、门窗套、花岗岩门套、门窗筒子板按展开面积计算。门窗贴脸、窗帘盒、窗帘轨按延长 m 计算。

（8）窗台板按实铺面积计算。

（9）电子感应门及转门按定额尺寸以樘计算。

（10）不锈钢电动伸缩门以樘计算。

【例 5-14】 如图 5-17 所示，某酒店包房门为实木门扇及门框，试根据计算规则，分别计算其门框与门扇的工程量。

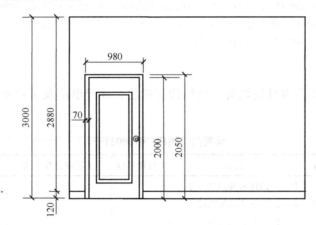

图 5-17 双开防火门立面图（单位：mm）

【解】 根据计算规则，工程量计算如下：

实木门框制作安装工程量 $= 2.05 \times 2 + (0.98 - 0.07 \times 2) = 4.94 \text{m}$

门扇制作安装工程量 $= 2.0 \times (0.98 - 0.07 \times 2) = 1.68 \text{m}^2$

三、工程量清单设置及工程量计算规则

1. 木门

木门工程量清单项目的设置、项目特征描述、计量单位及工程量计算规则应按表5-32的规定执行。

木门（编码：010801） 表 5-32

项目编码	项目名称	项目特征	计量单位	工程量计算规则	工程内容
010801001	木质门	1. 门代号及洞口尺寸 2. 镶嵌玻璃品种、厚度	1. 樘 2. m²	1. 以樘计量，按设计图示数量计算 2. 以平方米计量，按设计图示洞口尺寸以面积计算	1. 门安装 2. 玻璃安装 3. 五金安装
010801002	木质门带套				
010801003	木质连窗门				
010801004	木质防火门				

项目编码	项目名称	项目特征	计量单位	工程量计算规则	工程内容
010801005	木门框	1. 门代号及洞口尺寸 2. 框截面尺寸 3. 防护材料种类	1. 樘 2. m	1. 以樘计量，按设计图示数量计算 2. 以米计量，按设计图示框的中心线以延长米计算	1. 木门框制作、安装 2. 运输 3. 刷防护材料
010801006	门锁安装	1. 锁品种 2. 锁规格	个 （套）	按设计图示数量计算	安装

注：1. 木质门应区分镶板木门、企口木板门、实木装饰门、胶合板门、夹板装饰门、木纱门、全玻门（带木质扇框）、木质半玻门（带木质扇框）等项目，分别编码列项；

2. 木门五金应包括：折页、插销、门碰珠、弓背拉手、搭机、木螺丝、弹簧折页（自动门）、管子拉手（自由门、地弹门）、地弹簧（地弹门）、角铁、门轧头（地弹门、自由门）等；

3. 木质门带套计量按洞口尺寸以面积计算，不包括门套的面积，但门套应计算在综合单价中；

4. 以樘计量，项目特征必须描述洞口尺寸；以平方米计量，项目特征可不描述洞口尺寸；

5. 单独制作安装木门框按木门框项目编码列项。

2. 金属门

金属门工程量清单项目的设置、项目特征描述、计量单位及工程量计算规则应按表5-33的规定执行。

金属门（编码：010802）   表5-33

项目编码	项目名称	项目特征	计量单位	工程量计算规则	工程内容
010802001	金属（塑钢）门	1. 门代号及洞口尺寸 2. 门框或扇外围尺寸 3. 门框、扇材质 4. 玻璃品种、厚度	1. 樘 2. m²	1. 以樘计量，按设计图示数量计算 2. 以平方米计量，按设计图示洞口尺寸以面积计算	1. 门安装 2. 五金安装 3. 玻璃安装
010802002	彩板门	1. 门代号及洞口尺寸 2. 门框或扇外围尺寸			
010802003	钢质防火门	1. 门代号及洞口尺寸 2. 门框或扇外围尺寸 3. 门框、扇材质			1. 门安装 2. 五金安装
010802004	防盗门				

注：1. 金属门应区分金属平开门、金属推拉门、金属地弹门、全玻门（带金属扇框）、金属半玻门（带扇框）等项目，分别编码列项；

2. 铝合金门五金包括：地弹簧、门锁、拉手、门插、门铰、螺丝等；

3. 金属门五金包括L型执手插锁（双舌）、执手锁（单舌）、门轧头、地锁、防盗门机、门眼（猫眼）、门碰珠、电子锁（磁卡锁）、闭门器、装饰拉手等；

4. 以樘计量，项目特征必须描述洞口尺寸，没有洞口尺寸必须描述门框或扇外围尺寸，以平方米计量，项目特征可不描述洞口尺寸及框、扇的外围尺寸；

5. 以平方米计量，无设计图示洞口尺寸，按门框、扇外围以面积计算。

3. 金属卷帘（闸）门

金属卷帘（闸）门工程量清单项目的设置、项目特征描述、计量单位及工程量计算规则应按表5-34的规定执行。

金属卷帘（闸）门（编码：010803） 表 5-34

项目编码	项目名称	项目特征	计量单位	工程量计算规则	工程内容
010803001	金属卷帘（闸）门	1. 门代号及洞口尺寸 2. 门材质 3. 启动装置品种、规格	1. 樘 2. m²	1. 以樘计量，按设计图示数量计算 2. 以平方米计量，按设计图示洞口尺寸以面积计算	1. 门运输、安装 2. 启动装置、活动小门、五金安装
010803002	防火卷帘（闸）门				

注：以樘计量，项目特征必须描述洞口尺寸；以平方米计量，项目特征可不描述洞口尺寸。

4. 厂库房大门、特种门

厂库房大门、特种门工程量清单项目的设置、项目特征描述、计量单位及工程量计算规则应按表 5-35 的规定执行。

厂库房大门、特种门（编码：010804） 表 5-35

项目编码	项目名称	项目特征	计量单位	工程量计算规则	工程内容
010804001	木板大门	1. 门代号及洞口尺寸 2. 门框或扇外围尺寸 3. 门框、扇材质 4. 五金种类、规格 5. 防护材料种类	1. 樘 2. m²	1. 以樘计量，按设计图示数量计算 2. 以平方米计量，按设计图示洞口尺寸以面积计算	1. 门（骨架）制作、运输 2. 门、五金配件安装 3. 刷防护材料
010804002	钢木大门				
010804003	全钢板大门				
010804004	防护铁丝门			1. 以樘计量，按设计图示数量计算 2. 以平方米计量，按设计图示门框或扇以面积计算	
010804005	金属格栅门	1. 门代号及洞口尺寸 2. 门框或扇外围尺寸 3. 门框、扇材质 4. 启动装置的品种、规格		1. 以樘计量，按设计图示数量计算 2. 以平方米计量，按设计图示洞口尺寸以面积计算	1. 门安装 2. 启动装置、五金配件安装
010804006	钢质花饰大门	1. 门代号及洞口尺寸 2. 门框或扇外围尺寸 3. 门框、扇材质		1. 以樘计量，按设计图示数量计算 2. 以平方米计量，按设计图示门框或扇以面积计算	1. 门安装 2. 五金配件安装
010804007	特种门			1. 以樘计量，按设计图示数量计算 2. 以平方米计量，按设计图示洞口尺寸以面积计算	

注：1. 特种门应区分冷藏门、冷冻间门、保温门、变电室门、隔音门、防射线门、人防门、金库门等项目，分别编码列项；
    2. 以樘计量，项目特征必须描述洞口尺寸，没有洞口尺寸必须描述门框或扇外围尺寸；以平方米计量，项目特征可不描述洞口尺寸及框、扇的外围尺寸；
    3. 以平方米计量，无设计图示洞口尺寸，按门框、扇外围以面积计算。

5. 其他门

其他门工程量清单项目的设置、项目特征描述、计量单位及工程量计算规则应按表 5-36 的规定执行。

其他门（编码：010805）　　　　　　　　　　　　　　　表 5-36

项目编码	项目名称	项目特征	计量单位	工程量计算规则	工程内容
010805001	电子感应门	1. 门代号及洞口尺寸 2. 门框或扇外围尺寸 3. 门框、扇材质 4. 玻璃品种、厚度 5. 启动装置的品种、规格 6. 电子配件品种、规格	1. 樘 2. m²	1. 以樘计量，按设计图示数量计算 2. 以平方米计量，按设计图示洞口尺寸以面积计算	1. 门安装 2. 启动装置、五金、电子配件安装
010805002	旋转门				
010805003	电子对讲门	1. 门代号及洞口尺寸 2. 门框或扇外围尺寸 3. 门材质 4. 玻璃品种、厚度 5. 启动装置的品种、规格 6. 电子配件品种、规格			
010805004	电动伸缩门				
010805005	全玻自由门	1. 门代号及洞口尺寸 2. 门框或扇外围尺寸 3. 框材质 4. 玻璃品种、厚度			1. 门安装 2. 五金安装
010805006	镜面不锈钢饰面门	1. 门代号及洞口尺寸 2. 门框或扇外围尺寸 3. 框、扇材质 4. 玻璃品种、厚度			
010805007	复合材料门				

注：1. 以樘计量，项目特征必须描述洞口尺寸，没有洞口尺寸必须描述门框或扇外围尺寸；以平方米计量，项目特征可不描述洞口尺寸及框、扇的外围尺寸；
　　2. 以平方米计量，无设计图示洞口尺寸，按门框、扇外围以面积计算。

6. 木窗

木床工程量清单项目的设置、项目特征描述、计量单位及工程量计算规则应按表5-37的规定执行。

木窗（编码：010806）　　　　　　　　　　　　　　　表 5-37

项目编码	项目名称	项目特征	计量单位	工程量计算规则	工程内容
010806001	木质窗	1. 窗代号及洞口尺寸 2. 玻璃品种、厚度	1. 樘 2. m²	1. 以樘计量，按设计图示数量计算 2. 以平方米计量，按设计图示洞口尺寸以面积计算	1. 窗安装 2. 五金、玻璃安装
010806002	木飘(凸)窗			1. 以樘计量，按设计图示数量计算 2. 以平方米计量，按设计图示尺寸以框外围展开面积计算	1. 窗制作、运输、安装 2. 五金、玻璃安装 3. 刷防护材料
010806003	木橱窗	1. 窗代号 2. 框截面及外围展开面积 3. 玻璃品种、厚度 4. 防护材料种类			
010806004	木纱窗	1. 窗代号及框的外围尺寸 2. 窗纱材料品种、规格		1. 以樘计量，按设计图示数量计算 2. 以平方米计量，按框的外围尺寸以面积计算	1. 窗安装 2. 五金安装

注：1. 木质窗应区分木百叶窗、木组合窗、木天窗、木固定窗、木装饰空花窗等项目，分别编码列项；
　　2. 以樘计量，项目特征必须描述洞口尺寸，没有洞口尺寸必须描述窗框外围尺寸；以平方米计量，项目特征可不描述洞口尺寸及框的外围尺寸；
　　3. 以平方米计量，无设计图示洞口尺寸，按窗框外围以面积计算；
　　4. 木橱窗、木飘（凸）窗以樘计量，项目特征必须描述框截面及外围展开面积；
　　5. 木窗五金包括：折页、插销、风钩、木螺丝、滑轮滑轨（推拉窗）等。

7. 金属窗

金属窗工程量清单项目的设置、项目特征描述、计量单位及工程量计算规则应按表5-38的规定执行。

金属窗（编码：010807） 表 5-38

项目编码	项目名称	项目特征	计量单位	工程量计算规则	工程内容
010807001	金属（塑钢、断桥）窗	1. 窗代号及洞口尺寸 2. 框、扇材质 3. 玻璃品种、厚度	1. 樘 2. m²	1. 以樘计量，按设计图示数量计算 2. 以平方米计量，按设计图示洞口尺寸以面积计算	1. 窗安装 2. 五金、玻璃安装
010807002	金属防火窗				
010807003	金属百叶窗				
010807004	金属纱窗	1. 窗代号及框的外围尺寸 2. 框材质 3. 窗纱材料品种、规格		1. 以樘计量，按设计图示数量计算 2. 以平方米计量，按框的外围尺寸以面积计算	1. 窗安装 2. 五金安装
010807005	金属格栅窗	1. 窗代号及洞口尺寸 2. 框外围尺寸 3. 框、扇材质		1. 以樘计量，按设计图示数量计算 2. 以平方米计量，按设计图示洞口尺寸以面积计算	
010807006	金属（塑钢、断桥）橱窗	1. 窗代号 2. 框外围展开面积 3. 框、扇材质 4. 玻璃品种、厚度 5. 防护材料种类		1. 以樘计量，按设计图示数量计算 2. 以平方米计量，按设计图示尺寸以框外围展开面积计算	1. 窗制作、运输、安装 2. 五金、玻璃安装 3. 刷防护材料
010807007	金属（塑钢、断桥）飘（凸）窗	1. 窗代号 2. 框外围展开面积 3. 框、扇材质 4. 玻璃品种、厚度			1. 窗安装 2. 五金、玻璃安装
010807008	彩板窗	1. 窗代号及洞口尺寸 2. 框外围尺寸 3. 框、扇材质 4. 玻璃品种、厚度		1. 以樘计量，按设计图示数量计算 2. 以平方米计量，按设计图示洞口尺寸或框外围以面积计算	
010807009	复合材料窗				

注：1. 金属窗应区分金属组合窗、防盗窗等项目，分别编码列项；
    2. 以樘计量，项目特征必须描述洞口尺寸，没有洞口尺寸必须描述窗框外围尺寸；以平方米计量，项目特征可不描述洞口尺寸及框的外围尺寸；
    3. 以平方米计量，无设计图示洞口尺寸，按窗框外围以面积计算；
    4. 金属橱窗、飘（凸）窗以樘计量，项目特征必须描述框外围展开面积；
    5. 金属窗五金包括：折页、螺丝、执手、卡锁、铰拉、风撑、滑轮、滑轨、拉把、拉手、角码、牛角制等。

8. 门窗套

门窗套工程量清单项目的设置、项目特征描述、计量单位及工程量计算规则应按表5-39的规定执行。

项目编码	项目名称	项目特征	计量单位	工程量计算规则	工程内容
010808001	木门窗套	1. 窗代号及洞口尺寸 2. 门窗套展开宽度 3. 基层材料种类 4. 面层材料品种、规格 5. 线条品种、规格 6. 防护材料种类	1. 樘 2. m² 3. m	1. 以樘计量，按设计图示数量计算 2. 以平方米计量，按设计图示尺寸以展开面积计算 3. 以米计量，按设计图示中心以延长米计算	1. 清理基层 2. 立筋制作、安装 3. 基层板安装 4. 面层铺贴 5. 线条安装 6. 刷防护材料
010808002	木筒子板	1. 筒子板宽度 2. 基层材料种类			
010808003	饰面夹板筒子板	3. 面层材料品种、规格 4. 线条品种、规格 5. 防护材料种类			
010808004	金属门窗套	1. 窗代号及洞口尺寸 2. 门窗套展开宽度 3. 基层材料种类 4. 面层材料品种、规格 5. 防护材料种类			1. 清理基层 2. 立筋制作、安装 3. 基层板安装 4. 面层铺贴 5. 刷防护材料
010808005	石材门窗套	1. 窗代号及洞口尺寸 2. 门窗套展开宽度 3. 粘结层厚度、砂浆配合比 4. 面层材料品种、规格 5. 线条品种、规格			1. 清理基层 2. 立筋制作、安装 3. 基层抹灰 4. 面层铺贴 5. 线条安装
010808006	门窗木贴脸	1. 门窗代号及洞口尺寸 2. 贴脸板宽度 3. 防护材料种类	1. 樘 2. m	1. 以樘计量，按设计图示数量计算 2. 以米计量，按设计图示尺寸以延长米计算	安装
010808007	成品木门窗套	1. 门窗代号及洞口尺寸 2. 门窗套展开宽度 3. 门窗套材料品种、规格	1. 樘 2. m² 3. m	1. 以樘计量，按设计图示数量计算 2. 以平方米计量，按设计图示尺寸以展开面积计算 3. 以米计量，按设计图示中心以延长米计算	1. 清理基层 2. 立筋制作、安装 3. 板安装

注：1. 以樘计量，项目特征必须描述洞口尺寸、门窗套展开宽度；

2. 以平方米计量，项目特征可不描述洞口尺寸、门窗套展开宽度；

3. 以米计量，项目特征必须描述门窗套展开宽度、筒子板及贴脸宽度；

4. 木门窗套适用于单独门窗套的制作、安装。

9. 窗台板

窗台板工程量清单项目的设置、项目特征描述、计量单位及工程量计算规则应按表 5-40 的规定执行。

窗台板（编码：010809）　　　　　　　　　　　　表 5-40

项目编码	项目名称	项目特征	计量单位	工程量计算规则	工程内容
010809001	木窗台板	1. 基层材料种类 2. 窗台面板材质、规格、颜色 3. 防护材料种类	m²	按设计图示尺寸以展开面积计算	1. 基层清理 2. 基层制作、安装 3. 窗台板制作、安装 4. 刷防护材料
010809002	铝塑窗台板				
010809003	金属窗台板				
010809004	石材窗台板	1. 粘结层厚度、砂浆配合比 2. 窗台板材质、规格、颜色			1. 基层清理 2. 抹找平层 3. 窗台板制作、安装

10. 窗帘、窗帘盒、轨

窗帘、窗帘盒、轨工程量清单项目的设置、项目特征描述、计量单位及工程量计算规则应按表 5-41 的规定执行

窗帘、窗帘盒、轨（编码：010810）　　　　　　　　表 5-41

项目编码	项目名称	项目特征	计量单位	工程量计算规则	工程内容
010810001	窗帘	1. 窗帘材质 2. 窗帘高度、宽度 3. 窗帘层数 4. 带幔要求	1. m 2. m²	1. 以米计量，按设计图示尺寸以成活后长度计算 2. 以平方米计量，按图示尺寸以成活后展开面积计算	1. 制作、运输 2. 安装
010810002	木窗帘盒	1. 窗帘盒材质、规格 2. 防护材料种类	m	按设计图示尺寸以长度计算	1. 制作、运输、安装 2. 刷防护材料
010810003	饰面夹板、塑料窗帘盒				
010810004	铝合金窗帘盒				
010810005	窗帘轨	1. 窗帘轨材质、规格 2. 轨的数量 3. 防护材料种类			

注：1. 窗帘若是双层，项目特征必须描述每层材质；

　　2. 窗帘以米计量，项目特征必须描述窗帘高度和宽。

【例 5-15】　某工程有两樘卷闸门，如图 5-18 所示，卷闸门宽 3500mm，安装于洞口高 2900mm 的车库门口，提升装置为电动。试编制工程量清单与计价表和综合单价分析表。

【解】

1. 清单工程量计算规则（见表 5-34）

2. 分部分项工程量清单与计价表

（1）业主根据施工图计算：铝合金卷闸门为 2 樘

（2）投标人根据施工图及施工方案计算

①铝合金卷闸门工程量：$2.9 \times 3.5 \times 2 = 20.3 m^2$

人工费：$26.53 \times 20.3 = 538.56$ 元

材料费：$236.91 \times 20.3 = 4809.27$ 元

机械费：$10.9 \times 20.3 = 221.27$ 元

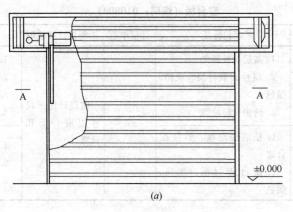

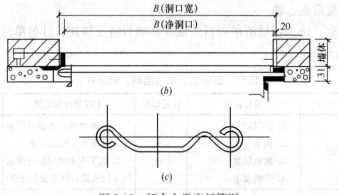

图 5-18　铝合金卷帘门简图

（a）立面图；（b）剖面图；（c）地埋装置图

②电动装置 2 套

人工费：$69.51 \times 2 = 139.02$ 元

材料费：$3216.92 \times 2 = 6433.84$ 元

机械费：$100.47 \times 2 = 200.94$ 元

③综合

直接费用合计：12342.9 元

管理费：$12342.9 \times 34\% = 4196.59$ 元

利润：$12342.9 \times 8\% = 987.43$ 元

总计：$12342.9 + 4196.59 + 987.43 = 17526.92$ 元

综合单价：$17526.92 \div 2 = 8763.46$ 元·樘$^{-1}$

分部分项工程量清单与计价表　　　　表 5-42

工程名称：某工程

序号	项目编号	项目名称	项目特征描述	计量单位	数量	金额（元）	
						综合单价	合价
1	010803001001	金属卷闸门	铝合金卷闸门框外围尺寸为 3.5m×2.9m 启动装置为电动	樘	2	8763.46	17526.92
			本页小计				17526.92
			合计				17526.92

3. 工程量清单综合单价分析表

填制工程量清单综合单价分析表，见表5-43。

工程量清单综合单价分析表　　　　　　　　　　　　　　表 5-43

工程名称：某工程

项目编号	010803001001	项目名称	天棚面油漆	计量单位	樘

清单综合单价组成明细

定额编号	工程内容	单位	数量	单价（元·樘⁻¹）			合价（元·樘⁻¹）			
				人工费	材料费	机械费	人工费	材料费	机械费	管理费和利润
6-91	铝合金卷闸门	m²	10.15	26.53	236.91	10.90	269.28	2404.64	110.64	1169.51
6-94	电动装置	套	1.00	69.51	3216.92	100.47	69.51	3216.92	100.47	1422.49
人工单价			小计				338.79	5621.56	211.11	2592.00
25元/工日			未计价材料费							
清单项目综合单价							8763.46			

第七节 油漆、涂料、裱糊工程

一、定额说明

（1）本定额刷涂、刷油采用手工操作；喷塑、喷涂采用机械操作。操作方法不同时，不予调整。

（2）油漆浅、中、深各种颜色，已综合在定额内，颜色不同，不另调整。

（3）本定额在同一平面上的分色及门窗内外分色已综合考虑。如需做美术图案者，另行计算。

（4）定额内规定的喷、涂、刷遍数与要求不同时，可按每增加一遍定额项目进行调整。

（5）喷塑（一塑三油）、底油、装饰漆、面油，其规格划分如下：

①大压花：喷点压平、点面积在 1.2cm² 以上。

②中压花：喷点压平、点面积在 1～1.2cm²。

③喷中点、幼点：喷点面积在 1cm² 以下。

（6）定额中的双层木门窗（单裁口）是指双层框扇。三层二玻一纱窗是指双层框三层扇。

（7）定额中的单层木门刷油是按双面刷油考虑的，如采用单面刷油，其定额含量乘以系数 0.49 计算。

（8）定额中的木扶手油漆为不带托板考虑。

二、基础定额工程量计算规则

（1）楼地面、天棚、墙、柱、梁面的喷（刷）涂料、抹灰面油漆及裱糊工程，均按表5-44～表5-48相应的计算规则计算。

（2）木材面的工程量分别按表5-44～表5-48相应的计算规则计算。

执行木门定额工程量系数表　　　　表5-44

项目名称	系　　数	工程量计算方法
单层木门	1.00	
双层（一玻一纱）木门	1.36	
双层（单裁口）木门	2.00	按单面洞口面积计算
单层全玻门	0.83	
木百叶门	1.25	

注：本表为木材面油漆。

执行木窗定额工程量系数表　　　　表5-45

项目名称	系　　数	工程量计算方法
单层玻璃窗	1.00	
双层（一玻一纱）木窗	1.36	
双层框扇（单裁口）木窗	2.00	
双层框三层（二玻一纱）木窗	2.60	按单面洞口面积计算
单层组合窗	0.83	
双层组合窗	1.13	
木百叶窗	1.50	

注：本表为木材面油漆。

执行木扶手定额工程量系数表　　　　表5-46

项目名称	系　　数	工程量计算方法
木扶手（不带托板）	1.00	
木扶手（带托板）	2.60	
窗帘盒	2.04	
封檐板、顺水板	1.74	按延长 m 计算
挂衣板、黑板框、单独木线条 100mm 以外	0.52	
挂镜线、窗帘棍、单独木 100mm 以内	0.35	

注：本表为木材面油漆。

执行其他木材面定额工程量系数表　　　　表5-47

项目名称	系　　数	工程量计算方法
木板、纤维板、胶合板天棚	1.00	
木护墙、木坡裙	1.00	
窗帘板、筒子板、盖板、门窗套、踢脚线	1.00	
清水板条天棚、檐口	1.07	长×宽
木方格吊顶天棚	1.20	
吸声板墙面、天棚面	0.87	
暖气罩	1.28	
木间壁、木隔断	1.90	
玻璃间壁露明墙筋	1.65	单面外圈面积
木栅栏、木栏杆（带扶手）	1.82	
衣柜、壁橱	1.00	按实刷展开面积
零星木装修	1.10	展开面积
梁柱饰面	1.00	展开面积

抹灰面油漆、涂料、裱糊工程系数表

表 5-48

项目名称	系数	工程量计算方法
混凝土楼梯底（板式）	1.15	水平投影面积
混凝土楼梯底（梁式）	1.00	展开面积
混凝土花格窗、栏杆花饰	1.82	单面外围面积
楼地面、天棚、墙、柱、梁面	1.00	展开面积

注：本表为抹灰面油漆、涂料、裱糊。

（3）金属构件油漆的工程量按构件重量计算。

（4）定额中的隔断、护壁、柱、天棚木龙骨及木地板中木龙骨带毛地板，刷防火涂料工程量计算规则如下：

①隔墙、护壁木龙骨按面层正立面投影面积计算。

②柱木龙骨按其面层外围面积计算。

③天棚木龙骨按其水平投影面积计算。

④木地板中木龙骨及木龙骨带毛地板按地板面积计算。

⑤隔墙、护壁、柱、天棚面层及木地板刷防火涂料，执行其他木材刷防火涂料子目。

⑥木楼梯（不包括底面）油漆，按水平投影面积乘以 2.3 系数，执行木地板相应子目。

【例 5-16】 如图 5-19 所示为双层（一玻一纱）木窗，洞口尺寸为 1200mm×1600mm，共 11 层，设计为刷润油粉一遍，刮腻子、刷调和漆一遍，磁漆两遍，计算木窗油漆工程量。

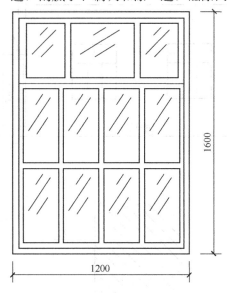

图 5-19 一玻一纱双层木窗（单位：mm）

【解】 木窗油漆工程量：$1.2×1.6×11×1.36=28.72m^2$

注：执行木窗油漆定额，按单面洞口面积计算系数为 1.36。

【例 5-17】 某房屋如图 5-20 所示，外墙刷真石漆墙面，并用胶带分格，计算外墙真石漆墙面工程量。

【解】 外墙面真石漆工程量

$(8.1+0.12\times2+5.6+0.12\times2)\times2\times(4.6+0.3)-1.8\times1.8\times3-0.9\times2.7+0.1\times$ $(1.8\times4\times3+2.7\times2+0.9)=129.604m^2$

注：外墙刷真石漆执行抹灰面油漆、涂料、裱糊定额的规定，按展开面积计算，系数为1.00。

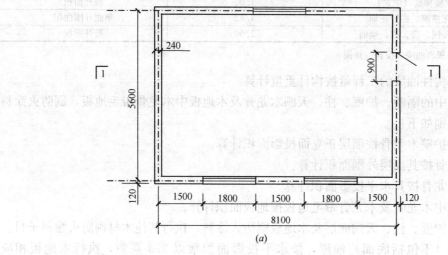

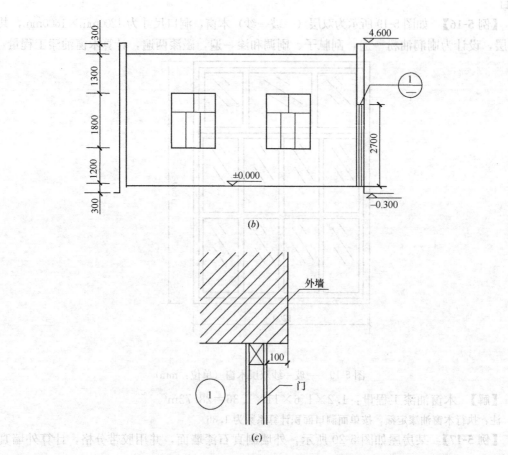

图 5-20 例 5-17 图（尺寸单位：mm）

(a) 平面图；(b) 1-1 剖面图；(c) 详图

三、工程量清单设置及工程量计算规则

1. 门油漆

门油漆工程量清单项目设置、项目特征描述的内容、计量单位及工程量计算规则应按表 5-49 的规定执行。

门油漆（编码：011401）   表 5-49

项目编码	项目名称	项目特征	计量单位	工程量计算规则	工程内容
011401001	木门油漆	1. 门类型 2. 门代号及洞口尺寸 3. 腻子种类 4. 刮腻子遍数 5. 防护材料种类 6. 油漆品种、刷漆遍数	1. 樘 2. m²	1. 以樘计量，按设计图示数量计量 2. 以平方米计量，按设计图示洞口尺寸以面积计算	1. 基层清理 2. 刮腻子 3. 刷防护材料、油漆
011401002	金属门油漆				1. 除锈、基层清理 2. 刮腻子 3. 刷防护材料、油漆

注：1. 木门油漆应区分木大门、单层木门、双层（一玻一纱）木门、双层（单裁口）木门、全玻自由门、半玻自由门、装饰门及有框门或无框门等项目，分别编码列项；

2. 金属门油漆应区分平开门、推拉门、钢制防火门等项目，分别编码列项；

3. 以平方米计量，项目特征可不必描述洞口尺寸。

2. 窗油漆

窗油漆工程量清单项目设置、项目特征描述的内容、计量单位及工程量计算规则应按表 5-50 的规定执行。

窗油漆（编码：011402）   表 5-50

项目编码	项目名称	项目特征	计量单位	工程量计算规则	工程内容
011402001	木窗油漆	1. 窗类型 2. 窗代号及洞口尺寸 3. 腻子种类 4. 刮腻子遍数 5. 防护材料种类 6. 油漆品种、刷漆遍数	1. 樘 2. m²	1. 以樘计量，按设计图示数量计量 2. 以平方米计量，按设计图示洞口尺寸以面积计算	1. 基层清理 2. 刮腻子 3. 刷防护材料、油漆
011402002	金属窗油漆				1. 除锈、基层清理 2. 刮腻子 3. 刷防护材料、油漆

注：1. 木窗油漆应区分单层木门、双层（一玻一纱）木窗、双层框扇（单裁口）木窗、双层框三层（二玻一纱）木窗、单层组合窗、双层组合窗、木百叶窗、木推拉窗等项目，分别编码列项；

2. 金属窗油漆应区分平开窗、推拉窗、固定窗、组合窗、金属隔栅窗等项目，分别编码列项；

3. 以平方米计量，项目特征可不必描述洞口尺寸。

3. 木扶手及其他板条、线条油漆

木扶手及其他板条、线条油漆工程量清单项目设置、项目特征描述的内容、计量单位

及工程量计算规则应按表 5-51 的规定执行。

木扶手及其他板条线条油漆（编码：011403） 表 5-51

项目编码	项目名称	项目特征	计量单位	工程量计算规则	工程内容
011403001	木扶手油漆	1. 断面尺寸 2. 腻子种类 3. 刮腻子遍数 4. 防护材料种类 5. 油漆品种、刷漆遍数	m	按设计图示尺寸以长度计算	1. 基层清理 2. 刮腻子 3. 刷防护材料、油漆
011403002	窗帘盒油漆				
011403003	封檐板、顺水板油漆				
011403004	挂衣板、黑板框油漆				
011403005	挂镜线、窗帘棍、单独木线油漆				

注：木扶手应区分带托板与不带托板，分别编码列项，若是木栏杆带扶手，木扶手不应单独列项，应包含在木栏杆油漆中。

4. 木材面油漆

木材面油漆工程量清单项目设置、项目特征描述的内容、计量单位及工程量计算规则应按表 5-52 的规定执行。

木材面油漆（编码：011404） 表 5-52

项目编码	项目名称	项目特征	计量单位	工程量计算规则	工程内容
011404001	木护墙、木墙裙油漆	1. 腻子种类 2. 刮腻子遍数 3. 防护材料种类 4. 油漆品种、刷漆遍数	m²	按设计图示尺寸以面积计算	1. 基层清理 2. 刮腻子 3. 刷防护材料、油漆
011404002	窗台板、筒子板、盖板、门窗套、踢脚线油漆				
011404003	清水板条天棚、檐口油漆				
011404004	木方格吊顶天棚油漆				
011404005	吸音板墙面、天棚面油漆				
011404006	暖气罩油漆				
011404007	其他木材面				
011404008	木间壁、木隔断油漆			按设计图示尺寸以单层外围面积计算	
011404009	玻璃间壁露明墙筋油漆				
011404010	木栅栏、木栏杆（带扶手）油漆				
011404011	衣柜、壁柜油漆			按设计图示尺寸以油漆部分展开面积计算	
011404012	梁柱饰面油漆				
011404013	零星木装修油漆				
011404014	木地板油漆			按设计图示尺寸以面积计算。空洞、空圈、暖气包槽、壁龛的开口部分并入相应的工程量内	
011404015	木地板烫硬蜡面	1. 硬蜡品种 2. 面层处理要求			1. 基层清理 2. 烫蜡

86

5. 金属面油漆

金属面油漆工程量清单项目设置、项目特征描述的内容、计量单位及工程量计算规则应按表 5-53 的规定执行。

金属面油漆（编码：011405） 表 5-53

项目编码	项目名称	项目特征	计量单位	工程量计算规则	工程内容
011405001	金属面油漆	1. 构件名称 2. 腻子种类 3. 刮腻子要求 4. 防护材料种类 5. 油漆品种、刷漆遍数	1. t 2. m²	1. 以吨计量，按设计图示尺寸以质量计算 2. 以平方米计量，按设计展开面积计算	1. 基层清理 2. 刮腻子 3. 刷防护材料、油漆

6. 抹灰面油漆

抹灰面油漆工程量清单项目设置、项目特征描述的内容、计量单位及工程量计算规则应按表 5-54 的规定执行。

抹灰面油漆（编码：011406） 表 5-54

项目编码	项目名称	项目特征	计量单位	工程量计算规则	工程内容
011406001	抹灰面油漆	1. 基层类型 2. 腻子种类 3. 刮腻子遍数 4. 防护材料种类 5. 油漆品种、刷漆遍数 6. 部位	m²	按设计图示尺寸以面积计算	1. 基层清理 2. 刮腻子 3. 刷防护材料、油漆
011406002	抹灰线条油漆	1. 线条宽度、道数 2. 腻子种类 3. 刮腻子遍数 4. 防护材料种类 5. 油漆品种、刷漆遍数	m	按设计图示尺寸以长度计算	
011406003	满刮腻子	1. 基层类型 2. 腻子种类 3. 刮腻子遍数	m²	按设计图示尺寸以面积计算	1. 基层清理 2. 刮腻子

7. 喷刷涂料

喷刷涂料工程量清单项目设置、项目特征描述的内容、计量单位及工程量计算规则应按表 5-55 的规定执行。

喷刷涂料（编码：011407）
表 5-55

项目编码	项目名称	项目特征	计量单位	工程量计算规则	工程内容
011407001	墙面刷喷涂料	1. 基层类型 2. 喷刷涂料部位 3. 腻子种类 4. 刮腻子要求 5. 涂料品种、喷刷遍数	m²	按设计图示尺寸以面积计算	1. 基层清理 2. 刮腻子 3. 刷、喷涂料
011407002	天棚喷刷涂料				
011407003	空花格、栏杆刷涂料	1. 腻子种类 2. 刮腻子遍数 3. 涂料品种、刷喷遍数		按设计图示尺寸以单面外围面积计算	
011407004	线条刷涂料	1. 基层清理 2. 线条宽度 3. 刮腻子遍数 4. 刷防护材料、油漆	m	按设计图示尺寸以长度计算	
011407005	金属构件刷防火涂料	1. 喷刷防火涂料构件名称 2. 防火等级要求 3. 涂料品种、喷刷遍数	1. m² 2. t	1. 以吨计量，按设计图示尺寸以质量计算 2. 以平方计量，按设计展开面积计算	1. 基层清理 2. 刷防护材料、油漆
011407006	木材构件喷刷防火涂料		m²	以平方米计量，按设计图示尺寸以面积计算	1. 基层清理 2. 刷防火材料

注：喷刷墙面涂料部位要注明内墙或外墙。

8. 裱糊

裱糊工程量清单项目设置、项目特征描述的内容、计量单位及工程量计算规则应按表 5-56 的规定执行。

裱糊（编码：011408）
表 5-56

项目编码	项目名称	项目特征	计量单位	工程量计算规则	工程内容
011408001	墙纸裱糊	1. 基层类型 2. 裱糊部位 3. 腻子种类 4. 刮腻子遍数 5. 粘结材料种类 6. 防护材料种类 7. 面层材料品种、规格、颜色	m²	按设计图示尺寸以面积计算	1. 基层清理 2. 刮腻子 3. 面层铺粘 4. 刷防护材料
011408002	织锦缎裱糊				

第八节 其 他 工 程

一、定额说明

(1) 本章定额项目在实际施工中使用的材料品种、规格与定额取定不同时，可以换算，但人工、材料不变。

(2) 本章定额中铁件已包括刷防锈漆一遍，如设计需涂刷油漆、防火涂料按本章油漆、涂料、裱糊工程相应子目执行。

(3) 招牌基层

①平面招牌是指安装在门前的墙面上；箱式招牌、竖式招牌是指六面体固定在墙面上；沿雨篷、檐口、阳台走向立式招牌，按平面招牌复杂项目执行。

②一般招牌和矩形招牌是指正立面平整无凸面；复杂招牌和异形招牌是指正立面有凹凸造型。

③招牌的灯饰均不包括在定额内。

(4) 美术字安装

①美术字均以成品安装固定为准。

②美术字不分字体均执行本定额。

(5) 装饰线条

①木装饰线、石膏装饰线均以成品安装为准。

②石材装饰线条均以成品安装为准。石材装饰线条磨边、磨圆角均包括在成品的单价中，不再另计。

(6) 石材磨边、磨斜边、磨半圆边及台面开孔子目均为现场磨制。

(7) 装饰线条以墙面上直线安装为准，如天棚安装直线型、圆弧形或其他图案者，按以下规定计算。

①天棚面安装直线装饰线条，人工乘以系数 1.34。

②天棚面安装圆弧装饰线条，人工乘以系数 1.6，材料乘以系数 1.1。

③墙面安装圆弧装饰线条，人工乘以系数 1.2，材料乘以系数 1.1。

④装饰线条做艺术图案者，人工乘以系数 1.8，材料乘以系数 1.1。

(8) 暖气罩挂板式是指钩挂在暖气片上；平墙式是指凹入墙内，明式是指凸出墙面；半凹半凸式按明式定额子目执行。

(9) 货架、柜类定额中未考虑面板拼花及饰面板上贴其他材料的花饰、造型艺术品。

二、基础定额工程量计算规则

(1) 招牌、灯箱

①平面招牌基层按正立面面积计算，复杂性的凹凸造型部分亦不增减。

②沿雨篷、檐口或阳台走向的立式招牌基层，按平面招牌复杂项目执行时，应按展开面积计算。

③箱体招牌和竖式标箱的基层，按外围体积计算。突出箱外的灯饰、店徽及其他艺术装潢等均另行计算。

④灯箱的面层按展开面积以平方米计算。

⑤广告牌钢骨架以吨计算。

（2）美术字安装按字的最大外围矩形面积以个计算。

（3）压条、装饰线条均按延长米计算。

（4）暖气罩（包括脚的高度在内）按边框外围尺寸垂直投影面积计算。

（5）镜面玻璃安装、盥洗室木镜箱以正立面面积计算。

（6）塑料镜箱、毛巾环、肥皂盒、金属帘子杆、浴缸拉手、毛巾杆安装以只或副计算。不锈钢旗杆以延长 m 计算。大理石洗漱台以台面投影面积计算（不扣除空洞面积）。

（7）货架、柜橱类均以正立面的高（包括脚的高度在内）乘以宽以 m^2 计算。

（8）收银台、试衣间等以个计算，其他以延长 m 为单位计算。

（9）拆除工程量按拆除面积或长度计算，执行相应子目。

【例 5-18】 如图 5-21 所示，（1）求镜面不锈钢装饰线工程量；（2）求石材装饰线工程量。

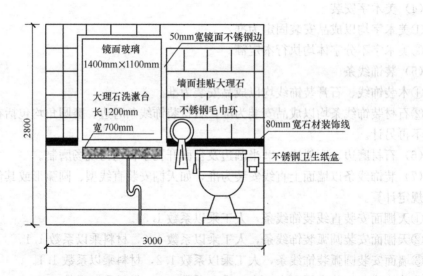

图 5-21 卫生间示意图（单位：mm）

【解】

（1）镜面不锈钢装饰线工程量

$$2\times(1.1+2\times0.05+1.4)=5.2m$$

（2）石材装饰线工程量

$$3-(1.1+0.05\times2)=1.8m$$

三、工程量清单设置及工程量计算规则

1. 柜类、货架

柜类、货架工程量清单项目设置、项目特征描述的内容、计量单位及工程量计算规则应按表 5-57 的规定执行。

项目编码	项目名称	项目特征	计量单位	工程量计算规则	工程内容
011501001	柜台	1. 台柜规格 2. 材料种类、规格 3. 五金种类、规格 4. 防护材料种类 5. 油漆品种、刷漆遍数	1. 个 2. m 3. m³	1. 以个计量，按设计图示数量计量 2. 以米计量，按设计图示尺寸以延长米计算 3. 以立方米计量，按设计图示尺寸以体积计算	1. 台柜制作、运输、安装（安放） 2. 刷防护材料、油漆 3. 五金件安装
011501002	酒柜				
011501003	衣柜				
011501004	存包柜				
011501005	鞋柜				
011501006	书柜				
011501007	厨房壁柜				
011501008	木壁柜				
011501009	厨房低柜				
011501010	厨房吊柜				
011501011	矮柜				
011501012	吧台背柜				
011501013	酒吧吊柜				
011501014	酒吧台				
011501015	展台				
011501016	收银台				
011501017	试衣间				
011501018	货架				
011501019	书架				
011501020	服务台				

2. 压条、装饰线

压条、装饰线工程量清单项目设置、项目特征描述的内容、计量单位及工程量计算规则应按表 5-58 的规定执行。

项目编码	项目名称	项目特征	计量单位	工程量计算规则	工程内容
011502001	金属装饰线	1. 基层类型 2. 线条材料品种、规格、颜色 3. 防护材料种类	m	按设计图示尺寸以长度计算	1. 线条制作、安装 2. 刷防护材料、油漆
011502002	木质装饰线				
011502003	石材装饰线				
011502004	石膏装饰线				
011502005	镜面玻璃线	1. 基层类型 2. 线条材料品种、规格、颜色 3. 防护材料种类			
011502006	铝塑装饰线				
011502007	塑料装饰线				
011502008	GRC 装饰线条	1. 基层类型 2. 线条规格 3. 线条安装部位 4. 填充材料种类			线条制作安装

3. 扶手、栏杆、栏板装饰

扶手、栏杆、栏板装饰工程量清单项目设置、项目特征描述的内容、计量单位及工程量计算规则应按表5-59的规定执行。

扶手、栏杆、栏板装饰（编码：011503）　　　　　表5-59

项目编码	项目名称	项目特征	计量单位	工程量计算规则	工程内容
011503001	金属扶手、栏杆、栏板	1. 扶手材料种类、规格 2. 栏杆材料种类、规格 3. 栏板材料种类、规格、颜色 4. 固定配件种类 5. 防护材料种类	m	按设计图示以扶手中心线长度（包括弯头长度）计算	1. 制作 2. 运输 3. 安装 4. 刷防护材料
011503002	硬木扶手、栏杆、栏板				
011503003	塑料扶手、栏杆、栏板				
011503004	GRC栏杆、扶手	1. 栏杆的规格 2. 安装间距 3. 扶手类型规格 4. 填充材料种类			
011503005	金属靠墙扶手	1. 扶手材料种类、规格 2. 固定配件种类 3. 防护材料种类			
011503006	硬木靠墙扶手				
011503007	塑料靠墙扶手				
011503008	玻璃栏板	1. 栏杆玻璃的种类、规格、颜色 2. 固定方式 3. 固定配件种类			

4. 暖气罩

暖气罩工程量清单项目设置、项目特征描述的内容、计量单位及工程量计算规则应按表5-60的规定执行。

暖气罩（编码：011504）　　　　　表5-60

项目编码	项目名称	项目特征	计量单位	工程量计算规则	工程内容
011504001	饰面板暖气罩	1. 暖气罩材质 2. 防护材料种类	m²	按设计图示尺寸以垂直投影面积（不展开）计算	1. 暖气罩制作、运输、安装 2. 刷防护材料
011504002	塑料板暖气罩				
011504003	金属暖气罩				

5. 浴厕配件

浴厕配件工程量清单项目设置、项目特征描述的内容、计量单位及工程量计算规则应按表5-61的规定执行。

项目编码	项目名称	项目特征	计量单位	工程量计算规则	工程内容
011505001	洗漱台	1. 材料品种、规格、颜色 2. 支架、配件品种、规格	1. m² 2. 个	1. 按设计图示尺寸以台面外接矩形面积计算。不扣除孔洞、挖弯、削角所占面积，挡板、吊沿板面积并入台面面积内 2. 按设计图示数量计算	1. 台面及支架运输、安装 2. 杆、环、盒、配件安装 3. 刷油漆
011505002	晒衣架		个		
011505003	帘子杆			按设计图示数量计算	
011505004	浴缸拉手				
011505005	卫生间扶手				
011505006	毛巾杆（架）		套		1. 台面及支架制作、运输、安装 2. 杆、环、盒、配件安装 3. 刷油漆
011505007	毛巾环		副		
011505008	卫生纸盒		个		
011505009	肥皂盒				
011505010	镜面玻璃	1. 镜面玻璃品种、规格 2. 框材质、断面尺寸 3. 基层材料种类 4. 防护材料种类	m²	按设计图示尺寸以边框外围面积计算	1. 基层安装 2. 玻璃及框制作、运输、安装
011505011	镜箱	1. 箱体材质、规格 2. 玻璃品种、规格 3. 基层材料种类 4. 防护材料种类 5. 油漆品种、刷漆遍数	个	按设计图示数量计算	1. 基层安装 2. 箱体制作、运输、安装 3. 玻璃安装 4. 刷防护材料、油漆

6. 雨篷、旗杆

雨篷、旗杆工程量清单项目设置、项目特征描述的内容、计量单位及工程量计算规则应按表 5-62 的规定执行。

项目编码	项目名称	项目特征	计量单位	工程量计算规则	工程内容
011506001	雨篷吊挂饰面	1. 基层类型 2. 龙骨材料种类、规格、中距 3. 面层材料品种、规格 4. 吊顶（天棚）材料品种、规格 5. 嵌缝材料种类 6. 防护材料种类	m²	按设计图示尺寸以水平投影面积计算	1. 底层抹灰 2. 龙骨基层安装 3. 面层安装 4. 刷防护材料、油漆

项目编码	项目名称	项目特征	计量单位	工程量计算规则	工程内容
011506002	金属旗杆	1. 旗杆材料、种类、规格 2. 旗杆高度 3. 基础材料种类 4. 基座材料种类 5. 基座面层材料、种类、规格	根	按设计图示数量计算	1. 土石挖、填、运 2. 基础混凝土浇筑 3. 旗杆制作、安装 4. 旗杆台座制作、饰面
011506003	玻璃雨篷	1. 玻璃雨篷固定方式 2. 龙骨材料种类、规格、中距 3. 玻璃材料品种、规格 4. 嵌缝材料种类 5. 防护材料种类	m²	按设计图示尺寸以水平投影面积计算	1. 龙骨基层安装 2. 面层安装 3. 刷防护材料、油漆

7. 招牌、灯箱

招牌、灯箱工程量清单项目设置、项目特征描述的内容、计量单位及工程量计算规则应按表 5-63 的规定执行。

招牌、灯箱（编码：011507） 表 5-63

项目编码	项目名称	项目特征	计量单位	工程量计算规则	工程内容
011507001	平面、箱式招牌	1. 箱体规格 2. 基层材料种类 3. 面层材料种类 4. 防护材料种类	m²	按设计图示尺寸以正立面边框外围面积计算。复杂形的凸凹造型部分不增加面积	1. 基层安装 2. 箱体及支架制作、运输、安装 3. 面层制作、安装 4. 刷防护材料、油漆
011507002	竖式标箱				
011507003	灯箱				
011507004	信报箱	1. 箱体规格 2. 基层材料种类 3. 面层材料种类 4. 保护材料种类 5. 户数	个	按设计图示数量计算	

8. 美术字

工程量清单项目设置及工程量计算规则，应按表 5-64 的规定执行。

美术字（编码：011508） 表 5-64

项目编码	项目名称	项目特征	计量单位	工程量计算规则	工程内容
011508001	泡沫塑料字	1. 基层类型 2. 镂字材料品种、颜色 3. 字体规格 4. 固定方式 5. 油漆品种、刷漆遍数	个	按设计图示数量计算	1. 字制作、运输、安装 2. 刷油漆
011508002	有机玻璃字				
011508003	木质字				
011508004	金属字				
011508005	吸塑字				

【例 5-19】 展台样式如图 5-22 所示，编制其分部分项工程量清单表。

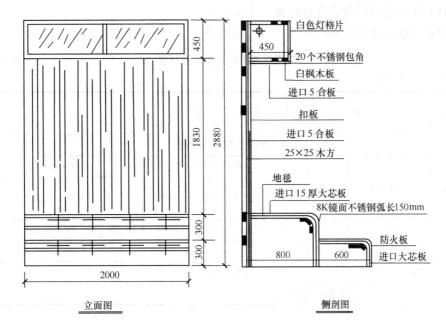

图 5-22 例 5-19 图（单位：mm）

【解】

1. 清单工程量计算规则（见表 5-57）

2. 分部分项工程量清单与计价表（见表 5-65）

（1）清单工程量计算

根据表 5-57 柜类、货架，清单工程数量为：1 个。

（2）消耗量定额工程量及费用计算

①该项目发生的工程内容：展台制作。

②依据消耗量定额计算规则，计算工程量为 2m。

③计算清单项目每计量单位应包含的各项工程内容的工程数量：展台制作，2÷1＝2。

分部分项工程量清单与计价表   表 5-65

工程名称：某工程

序号	项目编号	项目名称	项目特征描述	计量单位	数量	综合单价	合价
						金额（元）	
1	011501015001	展台	1. 台柜规格：2000mm×2880mm×1400mm 2. 材料种类、规格：白枫木贴面板、防火板	个	1	1251.90	1251.90
			本页小计				1251.90
			合　计				1251.90

95

3. 工程量清单综合单价分析表

填制工程量清单综合单价分析表，见表5-66。

根据企业情况确定管理费率170%，利润110%，计费基础为人工费。

工程量清单综合单价分析表   表 5-66

工程名称：某工程

项目编号	011501015001	项目名称	展台	计量单位		个		

清单综合单价组成明细

定额编号	工程内容	单位	数量	单价（元·个⁻¹）			合价（元·个⁻¹）			
				人工费	材料费	机械费	人工费	材料费	机械费	管理费和利润
6-129	展台	m	2.00	72.25	325.00	15.00	150.50	650.00	30.00	421.40
人工单价				小计			150.50	650.00	30.00	421.40
25 元/工日				未计价材料费						
清单项目综合单价							1251.9			

96

第六章 装饰装修工程招投标与合同价款的确定

第一节 装饰装修工程招标

一、建筑装饰工程招标概述

1. 工程合同与工程招投标

《合同法》第十三条规定：当事人订立合同，采取要约、承诺方式。要约是希望和他人订立合同的意思表示，该意思表示应当符合下列规定：第一，内容具体确定；第二，表明经受要约人承诺，要约人即受该意思表示约束。要约邀请是希望他人向自己发出要约的意思表示。寄送的价目表、拍卖公告、招标公告、招股说明书、商业广告等为要约邀请。承诺是受要约人同意要约的意思表示。我国法学界一般认为，建设工程招标是要约邀请，而投标是要约，中标通知书是承诺。

2. 工程招标的范围

《招标投标法》第三条规定：在中华人民共和国境内进行下列工程建设项目包括项目的勘察、设计、施工、监理以及与工程建设有关的重要设备、材料等的采购，必须进行招标：

（1）大型基础设施、公用事业等关系社会公共利益、公众安全的项目；

（2）全部或者部分使用国有资金投资或者国家融资的项目；

（3）使用国际组织或者外国政府贷款、援助资金的项目。

依据《招标投标法》的基本原则，原国家发展计划委员会颁布了《工程建设项目招标范围和规模标准规定》，对必须招标的项目范围作出了进一步细化的规定。要求各类工程项目的建设活动，达到下列标准之一者，必须进行招标：

（1）施工单项合同估算价在 200 万元人民币以上；

（2）重要设备、材料等货物的采购，单项合同估算价在 100 万元人民币以上；

（3）勘察、设计、监理等服务，单项合同估算价在 50 万元人民币以上。

（4）单项合同估算价低于上述第（1）、（2）、（3）项规定的标准，但项目总投资在 3000 万元人民币以上的勘察、设计、施工、监理以及与建设工程有关的重要设备、材料等的采购，也必须采用招标方式委托工作任务。

依法必须进行招标的项目，全部使用国有资金投资或者国有资金投资占控股或者主导地位的，应当公开招标。

3. 可以不进行招标的范围

（1）涉及国家安全、国家秘密的工程；

（2）抢险救灾工程；

（3）利用扶贫资金实行以工代赈、需要使用农民工等特殊情况；

（4）建筑造型有特殊要求的设计；

（5）采用特定专利技术、专有技术进行勘察、设计或施工；

（6）停建或者缓建后恢复建设的单位工程，且承包人未发生变更的：

（7）施工企业自建自用的工程，且该施工企业资质等级符合工程要求的；

（8）在建工程追加的附属小型工程或者主体加层工程，且承包人未发生变更的；

（9）法律、法规、规章规定的其他情形。

二、招标备案

1. 前期准备应满足的要求

（1）建设工程已批准立项；

（2）向建设行政主管部门履行了报建手续，并取得批准；

（3）建设资金能满足建设工程的要求，符合规定的资金到位率；

（4）建设用地已依法取得，并领取了建设工程规划许可证；

（5）技术资料能满足招标投标的要求；

（6）法律、法规、规章规定的其他条件。

2. 对招标人的招标能力要求

（1）有与招标工作相适应的经济、法律咨询和技术管理人员；

（2）有组织编制招标文件的能力；

（3）有审查投标单位资质的能力；

（4）有组织开标、评标、定标的能力。

利用招标方式选择承包单位属于招标单位自主的市场行为，因此《招标投标法》规定，招标人具有编制招标文件和组织评标能力的，可以自行办理招标事宜。任何单位和个人不得强制其委托招标代理机构办理招标事宜。若招标人不具备上述招标能力要求，则需要委托具有相应资质的中介机构代理招标。

3. 招标代理机构的资质条件

（1）有从事招标代理业务的营业场所和相应资金；

（2）有能够编制招标文件和组织评标的相应专业能力；

（3）有可以作为评标委员会成员人选的技术、经济等方面的专家库。

对专家库的要求包括：

①专家人选。应是从事相关领域工作满8年并具有高级职称或具有同等专业水平的技术、经济等方面人员。

②专业范围。专家的专业特长应能涵盖本专业或专业招标所需各个方面。

③人员数量应能满足建立库的要求。

依法必须招标的建筑工程项目，在发布招标公告或者发出招标邀请书前，持有关资料到县级以上地方人民政府建设行政主管部门备案。

三、装饰工程施工招标方式

《招标投标法》规定招标方式分为公开招标和邀请招标。

1. 公开招标

招标人通过新闻媒体发布招标公告，凡具备相应资质符合招标条件的法人或组织不受地域和行业限制均可申请投标。

公开招标的优点是：招标人可以在较广的范围内选择中标人，投标竞争激烈，有利于将工程项目的建设交予可靠的中标人实施并取得有竞争性的报价。其缺点是：由于申请投标人较多，一般要设置资格预审程序，而且评标的工作量也较大，所需招标时间长、费用高。

2. 邀请招标

招标人向预先选择的若干家具备相应资质、符合招标条件的法人或组织发出邀请函，请他们参加投标竞争。邀请对象的数目以 5～7 家为宜，但不应少于 3 家。

邀请招标的优点是：不需要发布招标公告和设置资格预审程序，节约招标费用和节省时间；由于对投标人以往的业绩和履约能力比较了解，减小了合同履行过程中承包方违约的风险。

邀请招标的缺点是：由于邀请范围较小选择面窄，可能排斥了某些的技术或报价上有竞争实力的潜在投标人，竞争激烈程度相对较差。

四、招标程序

按照招标人和投标人参与程度，可将招标过程划分成招标准备阶段、招标投标阶段、决标成交阶段。

（一）招标准备阶段主要工作

该阶段的工作由招标人单独完成，投标人不参与，主要包括以下三个方面。

1. 选择招标方式

（1）根据工程特点和招标人的管理能力确定发包范围；

（2）依据工程建设总进度计划确定项目建设过程中的招标次数和每次招标的工作内容；

（3）按照每次招标前准备工作的完成情况，选择合同的计价方式；

（4）依据工程项目的特点、招标前准备工作的完成情况、合同类型等因素的影响程度，最终确定招标方式。

2. 办理招标备案

招标人向建设行政主管部门办理申请招标手续。招标备案文件应说明下列内容：

招标工作范围；招标方式；计划工期；对投标人的资质要求；招标项目的前期准备工作的完成情况；自行招标还是委托代理招标。

3. 编制招标有关文件——招标广告、资格预审文件、招标文件、合同协议书、资格预审和评标办法

（二）招标投标阶段的主要工作内容

公开招标时，从发布招标公告开始，邀请招标则从发出投标邀请函开始，到投标截止日期为止的期间称为招标投标阶段。

1. 发布招标广告

2. 资格预审

（1）资格预审的目的

1）保证参与投标的法人或组织在资质和能力等方面能够满足完成招标工作的要求；

2）通过评审优选出综合实力较强的一批申请投标人，再请他们参加投标竞争，以减小评标的工作量。

（2）资格预审程序

1）招标人依据项目的特点编写资格预审文件。资格预审文件分为资格预审须知和资格预审表两大部分。

2）资格预审表是以应答方式给出的调查文件。所有申请参加投标竞争的潜在投标人都可以购买资格预审文件，由其按要求填报后作为投标人的资格预审文件。

3）招标人依据工程项目特点和发包工作性质划分评审的几大方面，如资质条件、人员能力、设备和技术能力、财务状况、工程经验、企业信誉等，并分别给予不同权重。

4）资格预审合格的条件。首先投标人必须满足资格预审文件规定的必要合格条件和附加合格条件，其次评定分必须在预先确定的最低分数线以上。

目前采用的合格标准有两种方式：

一种是限制合格者数量，以便减小评标的工作量（如5家），招标人按得分高低次序向预定数量的投标人发出邀请招标函并请他予以确认，如果某1家放弃投标则由下1家递补维持预定数量。

另一种是不限制合格者数量，凡满足80%以上分的潜在投标人均视为合格，保证投标的公平性和竞争性。

（3）投标人必须满足的基本资格条件

资格预审须知中明确列出投标人必须满足的最基本条件，可分为必要合格条件和附加合格条件两类。

1）必要合格条件通常包括法人地位、资质等级、财务状况、企业信誉、分包计划等具体要求，这是潜在投标人应满足的最低标准。

2）附加合格条件视招标项目是否对潜在投标人有特殊要求决定有无。普通工程项目可不设置附加合格条件，对于大型复杂项目，则应设置此类条件。招标人可以针对工程所需的特别措施或工艺的专长，专业工程施工资质，环境保护方针和保证体系，同类工程施工经历，项目经理资质要求，安全文明施工要求等方面设立附加合格条件。

3. 招标文件

招标人根据招标项目特点和需要编制招标文件，它是投标人编制投标文件和报价的依据，因此应当包括招标项目的所有实质性要求和条件。招标文件通常分为投标须知、合同条件、技术规范、图纸和技术资料、工程量清单等内容。

4. 现场考察

招标人在投标须知规定的时间组织投标人自费进行现场考察。设置此程序的目的，一方面让投标人了解工程项目的现场情况、自然条件、施工条件以及周围环境条件，以便于编制投标书；另一方面也是要求投标人通过自己的实地考察确定投标的原则和策略，避免合同履行过程中投标人以不了解现场情况为理由推卸应承担的合同责任。

5. 解答投标人的质疑

对任何一位投标人以书面形式提出的质疑，招标人应及时给予书面解答并发送给每一位投标人，保证招标的公开和公平，但不必说明问题的来源。回答函件作为招标文件的组成部分，如果书面解答的问题与招标文件中的规定不一致，以函件的解答为准。

（三）决标成交阶段的主要工作内容

从开标日到签订合同这一期间称为决标成交阶段，是对各投标书进行评审比较，最终确定中标人的过程。

1. 开标

公开招标和邀请招标均应举行开标会议。在投标须知规定的时间和地点由招标人主持开标会议，所有投标人均应参加，并邀请项目建设有关部门代表出席。开标时，由投标人或其推选的代表检验投标文件的密封情况。确认无误后，工作人员当众拆封，宣读投标人名称、投标价格和投标文件的其他主要内容，所有在投标函中提出的附加条件、补充声明、优惠条件、替代方案等均应宣读。开标过程应当记录，并存档备查。开标后，任何投标人都不允许更改投标书的内容和报价，也不允许再增加优惠条件。投标书经启封后不得再更改招标文件中说明的评标、定标办法。

在开标时，如果发现投标文件出现下列情形之一，应当作为无效投标文件，不再进入评标：

（1）投标文件未按照招标文件的要求予以密封；

（2）投标文件中的投标函未加盖投标人的企业及企业法定代表人印章，或者企业法定代表人委托代理人没有合法、有效的委托书（原件）及委托代理人印章；

（3）投标文件的关键内容字迹模糊、无法辨认；

（4）投标人未按照招标文件的要求提供投标保证金或者投标保函；

（5）组成联合体投标的，投标文件未附联合体各方共同投标协议。

2. 评标

（1）评标委员会

评标委员会由招标人的代表和有关技术、经济等方面的专家组成，成员人数为5人以上单数，其中招标人以外的专家不得少于成员总数的2/3。

（2）评标工作程序

大型工程项目的评标通常分成初评和详评两个阶段进行。

1）初评。评标委员会以招标文件为依据，审查各投标书是否为响应性投标，确定投标书的有效性。

投标文件对招标文件实质性要求和条件响应的偏差分为重大偏差和细微偏差两类。未作实质性响应的重大偏差包括：

① 没有按照招标文件要求提供投标担保或者所提供的投标担保有瑕疵；

② 没有按照招标文件要求由投标人授权代表签字并加盖公章；

③ 投标文件记载的招标项目完成期限超过招标文件规定的完成期限；

④ 明显不符合技术规格、技术标准的要求；

⑤ 投标文件记载的货物包装方式、检验标准和方法等不符合招标文件的要求；

⑥ 投标附有招标人不能接受的条件；

⑦ 不符合招标文件中规定的其他实质性要求。

所有存在重大偏差的投标文件都属于初评阶段应该淘汰的投标书。

对于存在细微偏差的投标文件，指投标文件基本上符合招标文件要求，但在个别地方存在漏项或者提供了不完整的技术信息和数据等情况，并且补正这些遗漏或者不完整不会对其他投标人造成不公平的结果。对招标文件的响应存在细微偏差的投标文件仍属于有效投标书。

属于存在细微偏差的投标书，可以书面要求投标人在评标结束前予以澄清、说明或者补正，但不得超出投标文件的范围或者改变投标文件的实质性内容。

商务标中出现以下情况时，由评标委员会对投标书中的错误加以修正后请该标书的投标授权人予以签字确认，作为详评比较的依据。如果投标人拒绝签字，则按投标人违约对待，不仅投标无效，而且没收其投标保证金。修正错误的原则是：投标文体中的大写金额和小写金额不一致的，以大写金额为准；总价金额与单价金额不一致的，以单价金额为准，但单价金额小数点明显错误的除外。

2）详评。对各标书实施方案和计划进行实质性评价与比较。评审时不应再采用招标文件中要求投标人考虑因素以外的任何条件作为标准。设有标底的，评标时应参考标底。

详评通常分为两个步骤进行。首先对各投标书进行技术和商务方面的审查，评定其合理性；其次，在对标书审查的基础上，评标委员会依据评标规则量化比较各投标书的优劣，并编写评标报告。

由于工程项目的规模不同、各类招标的标的不同，评审方法可以分为定性评审和定量评审两大类。中小型项目可以采用定性比较的专家评议法。大型工程应采用"综合评分法"或"评标价法"对投标书进行科学的量化比较。

综合评分法是指将评审内容分类后分别赋予不同权重，评标委员依据评分标准对各类内容细分的小项进行相应的打分，最后计算的累计分值反映投标人的综合水平，以得分最高的投标书为最优。

评标价法是指评审过程中以该标书的报价为基础，将报价之外需要评定的要素按预先规定的折算办法换算为货币价值，根据对招标人有利或不利的原则在投标报价上增加或扣减一定金额，最终构成评标价格。因此"评标价"既不是投标价也不是中标价，只是用价格指标作为评审标书优劣的衡量方法，评标价最低的投标书为最优。定标签订合同时，仍以报价作为中标的合同价。

（3）评标报告

评标报告是评标委员会经过对各投标书评审后向招标人提出的结论性报告，作为定标的主要依据。评标报告应包括评标情况说明；对各个合格投标书的评价；推荐合格的中标候选人等内容。如果评标委员会经过评审，认为所有投标都不符合招标文件的要求，可以否决所有投标。出现这种情况后，招标人应认真分析招标文件的有关要求以及招标过程，对招标工作范围或招标文件的有关内容作出实质性修改后重新进行招标。

3．定标

（1）定标程序

确定中标人前，招标人不得与投标人就投标价格、投标方案等实质性内容进行谈判。招标人应该根据评标委员会提出的评标报告和推荐的中标候选人确定中标人，也可以授权评标委员会直接确定中标人。

中标通知发出后的 30 天内，双方应按照招标文件和投标文件订立书面合同，不得做实质性修改。

招标人确定中标人后 15 天内，应向有关行政监督部门提交招标投标情况的书面报告。

（2）定标原则

《招标投标法》规定，中标人的投标应当符合下列条件之一：

1) 能够最大限度地满足招标文件中规定的各项综合评价标准；

2) 能够满足招标文件各项要求，并经评审的价格最低，但投标价格低于成本的除外。

图 6-1 显示了公开招标的程序，邀请招标也可以参照实行。

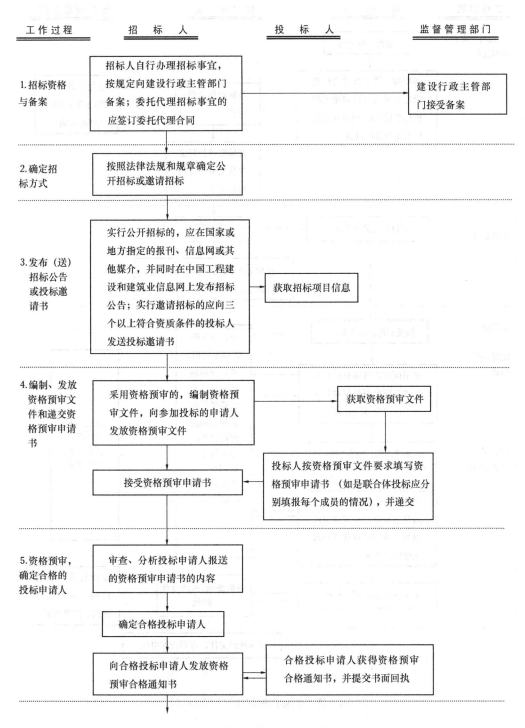

图 6-1 施工招标投标程序流程图（一）

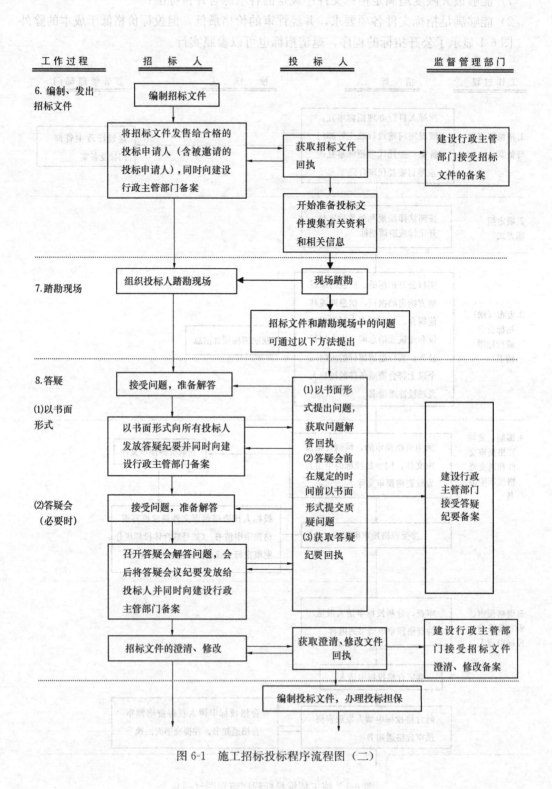

图 6-1　施工招标投标程序流程图（二）

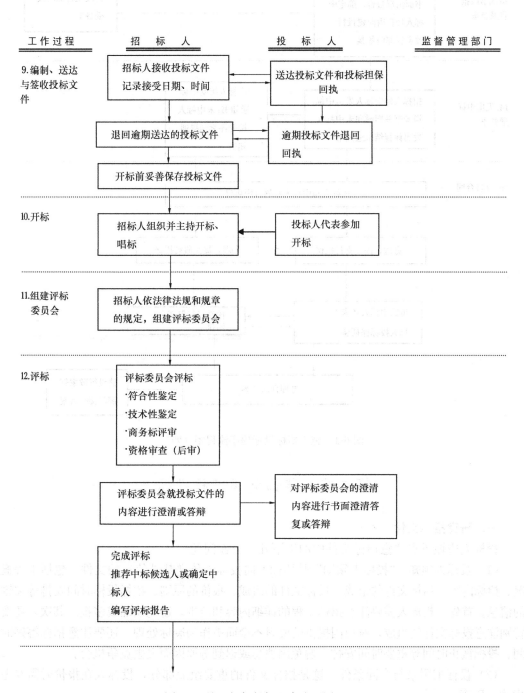

工作过程	招 标 人	投 标 人	监督管理部门
9.编制、送达与签收投标文件	招标人接收投标文件记录接受日期、时间	送达投标文件和投标担保回执	
	退回逾期送达的投标文件	逾期投标文件退回回执	
	开标前妥善保存投标文件		
10.开标	招标人组织并主持开标、唱标	投标人代表参加开标	
11.组建评标委员会	招标人依法律法规和规章的规定，组建评标委员会		
12.评标	评标委员会评标·符合性鉴定·技术性鉴定·商务标评审·资格审查（后审）		
	评标委员会就投标文件的内容进行澄清或答辩	对评标委员会的澄清内容进行书面澄清答复或答辩	
	完成评标推荐中标候选人或确定中标人编写评标报告		

图 6-1 施工招标投标程序流程图（三）

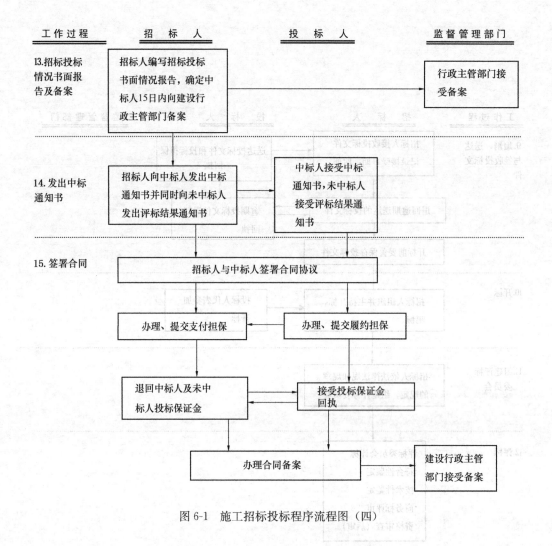

工作过程	招 标 人	投 标 人	监督管理部门
13.招标投标情况书面报告及备案	招标人编写招标投标书面情况报告，确定中标人15日内向建设行政主管部门备案		行政主管部门接受备案
14.发出中标通知书	招标人向中标人发出中标通知书并同时向未中标人发出评标结果通知书	中标人接受中标通知书，未中标人接受评标结果通知书	
15.签署合同	招标人与中标人签署合同协议		

办理、提交支付担保 ← 办理、提交履约担保

退回中标人及未中标人投标保证金 → 接受投标保证金回执

办理合同备案 → 建设行政主管部门接受备案

图 6-1 施工招标投标程序流程图（四）

第二节 装饰装修工程投标

一、研究招标文件

投标人应该重点注意招标文件中的以下几个方面问题。

（1）投标人须知。"投标人须知"是招标人向投标人传递基础信息的文件，包括工程概况、招标内容、招标文件的组成、投标文件的组成、报价的原则、招标投标时间安排等关键的信息。首先，投标人需要注意招标工程的详细内容和范围，避免遗漏或多报。其次，还要特别注意投标文件的组成，避免因提供的资料不全而被作为废标处理。还要注意招标答疑时间、投标截止时间等重要时间安排，避免因遗忘或迟到等原因而失去竞争机会。

（2）投标书附录与合同条件。这是招标文件的重要组成部分，投标人在报价时需要考虑这些因素。

（3）永久性工程之外的报价补充文件。永久性工程是指合同的标的物——建设工程项目及其附属设施，但是为了保证工程建设的顺利进行，不同的业主还会对于承包商提出额外的要求。

二、复核工程量

工程量复核不仅是为了便于准确计算投标价格，更是今后在实施工程中测量每项工程量的依据，同时也是安排施工进度计划、选定施工方案的重要依据。招标文件中通常情况下均附有工程量表，投标人应根据图纸，认真核对工程量清单中的各个分项，特别是工程量大的细目，力争做到这些分项中的工程量与实际工程中的施工部位能"对号入座"，数量平衡。如果招标的工程是一个大型项目，而且投标时间又比较短，不能在较短的时间内核算全部工程量，投标人至少也应重点核算那些工程量大和影响较大的子项。

对于单价合同，尽管是以实测工程量结算工程款，但投标人仍应根据图纸仔细核算工程量，当发现相差较大时，投标人应向招标人要求澄清。

对于总价固定合同，更要特别引起重视，工程量估算的错误可能带来无法弥补的经济损失，因为总价合同是以总报价为基础进行结算的，如果工程量出现差异，可能对施工方极为不利。

三、选择施工方案

施工方案是报价的基础和前提，也是招标人评标时要考虑的重要因素之一。施工方案应由投标人的技术负责人主持制定。主要应考虑施工方法、主要施工机具的配置、各工种劳动力的安排及现场施工人员的平衡、施工进度及分批竣工的安排、安全措施等。施工方案的制订应在技术、工期和质量保证等方面对招标人有吸引力，同时又有利于降低施工成本。

四、投标计算

投标计算是投标人对招标工程施工所要发生的各种费用的计算。在进行投标计算时，必须首先根据招标文件复核或计算工程量。

五、确定投标策略

指承包商在投标竞争中的系统工作部署及其参与投标竞争的方式和手段。投标策略主要内容有：以信取胜、以快取胜、以廉取胜、靠改进设计取胜、采用以退为进的策略、采用长远发展的策略等。

六、报价技巧

1. 不平衡报价法

不平衡报价法是指一个工程项目总报价基本确定后，通过调整内部各个项目的报价，以期既不提高总报价、不影响中标，又能在结算时得到更理想的经济效益。

一般可以考虑在以下几方面采用不平衡报价：

（1）能够早日结账收款的项目可适当提高。

（2）预计今后工程量会增加的项目，单价适当提高；将工程量可能减少的项目单价降低。

（3）设计图纸不明确，估计修改后工程量要增加的，可以提高单价；而工程内容解说不清楚的，则可适当降低一些单价，待澄清后可再要求提价。

（4）暂定项目，又叫任意项目或选择项目，对这类项目要具体分析。

2. 计日工单价的报价

如果是单纯报计日工单价，而且不计入总价中，可以报高些，以便在业主额外用工或使用施工机械时可多盈利。但如果计日工单价要计入总报价时，则需具体分析是否报高价，以免抬高总报价。总之，要分析业主在开工后可能使用的计日工数量，再来确定报价方针。

3. 可供选择的项目的报价

所谓"可供选择项目"并非由承包商任意选择，而是业主才有权进行选择。因此，我们虽然适当提高了可供选择项目的报价，并不意味着肯定可以取得较好的利润，只是提供了一种可能性，一旦业主今后选用，承包商即可得到额外加价的利益。

4. 暂定工程量的报价

暂定工程量有三种：

一种是业主规定了暂定工程量的分项内容和暂定总价款，并规定所有投标人都必须在总报价中加入这笔固定金额，但由于分项工程量不很准确，允许将来按投标人所报单价和实际完成的工程量付款。投标时应当对暂定工程量的单价适当提高。

另一种是业主列出了暂定工程量的项目的数量，但并没有限制这些工程量的估价总价款，要求投标人既列出单价，也应按暂定项目的数量计算总价，当将来结算付款时可按实际完成的工程量和所报单价支付。一般来说，这类工程量可以采用正常价格。

第三种是只有暂定工程的一笔固定总金额，将来这笔金额做什么用，由业主确定。这种情况对投标竞争没有实际意义，按招标文件要求将规定的暂定款列入总报价即可。

5. 多方案报价法

对于一些招标文件，如果发现工程范围不很明确，条款不清楚或很不公正，或技术规范要求过于苛刻时，则要在充分估计投标风险的基础上，按多方案报价法处理。即是按原招标文件报一个价，然后再提出，如某条款作某些变动，报价可降低多少，由此可报出一个较低的价。这样，可以降低总价，吸引业主。

6. 增加建议方案

有时招标文件中规定，可以提一个建议方案，即是可以修改原设计方案，提出投标者的方案。投标者这时应抓住机会，组织一批有经验的设计和施工工程师，对原招标文件的设计和施工方案仔细研究，提出更为合理的方案以吸引业主，促成自己的方案中标。建议方案不要写得太具体，要保留方案的技术关键，防止业主将此方案交给其他承包商。同时要强调的是，建议方案一定要比较成熟，有很好的可操作性。

7. 分包商报价的采用

总承包商在投标前找 2～3 家分包商分别报价，而后选择其中一家信誉较好、实力较强和报价合理的分包商签订协议，同意该分包商作为本分包工程的唯一合作者，并将分包商的姓名列到投标文件中，但要求该分包商相应地提交投标保函。如果该分包商认为这家总承包商确实有可能得标，他也许愿意接受这一条件。这种把分包商的利益同投标人捆在一起的做法，不但可以防止分包商事后反悔和涨价，还可能迫使分包时报出较合理的价格，以便共同争取得标。

第三节　工程合同价款的约定

一、合同计价的方式

建设工程施工承包合同的计价方式主要有三种，即总价合同、单价合同和成本补偿合同。

1. 单价合同

当施工发包的工程内容和工程量一时尚不能十分明确、具体地予以规定时，则可以采用单价合同形式，即根据计划工程内容和估算工程量，在合同中明确每项工程内容的单位价格（如每 m、每 m^2 或者每 m^3 的价格），实际支付时则根据每一个子项的实际完成工程量乘以该子项的合同单价计算该项工作的应付工程款。

采用单价合同对业主的不足之处是：业主需要安排专门力量来核实已经完成的工程量，需要在施工过程中花费不少精力，协调工作量大；另外，用于计算应付工程款的实际工程量可能超过预测的工程量，即实际投资容易超过计划投资，对投资控制不利。

在工程实践中，采用单价合同有时也会根据估算的工程量计算一个初步的合同总价，作为投标报价和签订合同之用。但是，当上述初步的合同总价与各项单价乘以实际完成的工程量之和发生矛盾时，则肯定以后者为准，即单价优先。实际工程款支付也将以实际完成工程量乘以合同单价进行计算。

《计价规范》规定，实行工程量清单计价的工程，应选用单价合同。

2. 总价合同

总价合同是指根据合同规定的工程施工内容和有关条件，业主应付给承包商的款额是一个规定的金额，即明确的总价。

总价合同又分固定总价合同和变动总价合同两种。

采用固定总价合同，双方结算比较简单，但是由于承包商承担了较大的风险，因此报价中不可避免地要增加一笔较高的不可预见风险费。承包商的风险主要有两个方面：一是价格风险，二是工作量风险。价格风险有报价计算错误、漏报项目、物价和人工费上涨等；工作量风险有工程量计算错误、工程范围不确定、工程变更或者由于设计深度不够所造成的误差等。

固定总价合同适用于以下情况：

（1）工程量小、工期短，估计在施工过程中环境因素变化小，工程条件稳定并合理；

（2）工程设计详细，图纸完整、清楚，工程任务和范围明确；

（3）工程结构和技术简单，风险小；

（4）投标期相对宽裕，承包商可以有充足的时间详细考察现场、复核工程量，分析招标文件，拟订施工计划。

变动总价合同又称为可调总价合同，合同价格是以图纸及规定、规范为基础，按照时价（Current Price）进行计算，得到包括全部工程任务和内容的暂定合同价格。

根据《建设工程施工合同（示范文本）》GF—99—0201，合同双方可约定，在以下条件下可对合同价款进行调整：

（1）法律、行政法规和国家有关政策变化影响合同价款；

（2）工程造价管理部门公布的价格调整；

（3）一周内非承包人原因停水、停电、停气造成的停工累计超过8小时；

（4）双方约定的其他因素。

3. 成本加酬金合同

成本加酬金合同也称为成本补偿合同，这是与固定总价合同正好相反的合同，工程施工的最终合同价格将按照工程的实际成本再加上一定的酬金进行计算。在合同签订时，工程实际成本往往不能确定，只能确定酬金的取值比例或者计算原则。

成本加酬金合同通常用于如下情况：

（1）工程特别复杂，工程技术、结构方案不能预先确定，或者尽管可以确定工程技术和结构方案，但是不可能进行竞争性的招标活动并以总价合同或单价合同的形式确定承包商，如研究开发性质的工程项目；

（2）时间特别紧迫，如抢险、救灾工程，来不及进行详细的计划和商谈。

对业主而言，这种合同形式也有一定优点，如：

（1）可以通过分段施工缩短工期，而不必等待所有施工图完成才开始招标和施工；

（2）可以减少承包商的对立情绪，承包商对工程变更和不可预见条件的反应会比较积极和快捷；

（3）可以利用承包商的施工技术专家，帮助改进或弥补设计中的不足；

（4）业主可以根据自身力量和需要，较深入地介入和控制工程施工和管理；

（5）也可以通过确定最大保证价格约束工程成本不超过某一限值，从而转移一部分风险。

成本加酬金合同有许多种形式，主要有成本加固定费用合同、成本加固定比例费用合同、成本加奖金合同、最大成本加费用合同。

二、工程合同价款的约定

工程合同价款的约定是建设工程合同的主要内容。实行招标的工程合同价款应在中标通知书发出之日起 30 天内，由承发包双方依据招标文件和中标人的投标文件在书面合同中约定；合同约定不得违背招、投标文件中关于工期、造价、质量等方面的实质性内容；招标文件与中标人投标文件不一致的地方，以投标文件为准。不实行招标的工程合同价款，在承发包双方认可的工程价款的基础上，由承发包双方在合同中约定。承发包双方认可的工程价款的形式可以是承包方或设计人编制的施工图预算，也可以是承发包双方认可的其他形式。

承发包双方应在合同条款中，对下列事项进行约定：

1. 预付工程款的数额、支付时间及抵扣方式

预付工程款是发包人为解决承包人在施工准备阶段资金周转问题提供的协助。如使用的水泥、钢材等大宗材料，可根据工程具体情况设置工程材料预付款。双方应在合同中约定预付款数额：可以是绝对数，如 50 万元、100 万元，也可以是额度，如合同金额的 10%、15% 等；约定支付时间：如合同签订后一个月支付、开工日前 7 天支付等；约定抵扣方式：如在工程进度款中按比例抵扣；约定违约责任：如不按合同约定支付预付款的利息计算，违约责任等。

2. 工程计量与支付工程进度款的方式、数额及时间

双方应在合同中约定计量时间和方式：可按月计量，如每月 28 日；可按工程形象部位（目标）划分分段计量，如 ±0.000 以下基础及地下室、主体结构 1～3 层、4～6 层等。

进度款支付周期与计量周期保持一致；约定支付时间：如计量后 7 天以内、10 天以内支付；约定支付数额：如已完工作量的 70%、80% 等；约定违约责任：如不按合同约定支付进度款的利率、违约责任等。

3. 工程价款的调整因素、方法、程序、支付及时间

约定调整因素：如工程变更后综合单价调整，钢材价格上涨超过投标报价时的 3%，

工程造价管理机构发布的人工费调整等；约定调整方法：如结算时一次调整，材料采购时报发包人调整等；约定调整程序：承包人提交调整报告交发包人，由发包人现场代表审核签字等；约定支付时间：如与工程进度款支付同时进行等。

4. 索赔与现场签证的程序、金额确定与支付时间

约定索赔与现场签证的程序：如由承包人提出、发包人现场代表或授权的监理工程师核对等；约定索赔提出时间：如知道索赔事件发生后的 28 天内等；约定核对时间：收到索赔报告后 7 天以内、10 天以内等；约定支付时间：原则上与工程进度款同期支付等。

5. 发生工程价款争议的解决方法及时间

约定解决价款争议的办法是协商、调解、仲裁还是诉讼，约定解决方式的优先顺序、处理程序等。如采用调解应约定好调解人员；如采用仲裁应约定双方都认可的仲裁机构；如采用诉讼方式，应约定有管辖权的法院。

6. 承担风险的内容、范围以及超出约定内容、范围的调整办法

约定风险的内容范围：如全部材料、主要材料等；约定物价变化调整幅度：如钢材、水泥价格涨幅超过投标报价的 3％，其他材料超过投标报价的 5％等。

7. 工程竣工价款结算的编制与核对、支付及时间

约定承包人在什么时间提交竣工结算书，发包人或其委托的工程造价咨询企业在什么时间内核对完毕，核对完毕后，什么时间内支付结算价款等。

8. 工程质量保证（保修）金的数额、预扣方式及时间

在合同中约定数额：如合同价款的 3％等；约定支付方式：竣工结算一次扣清等；约定归还时间：如保修期满 1 年退还等。

9. 与履行合同、支付价款有关的其他事项

合同中涉及工程价款的事项较多，能够详细约定的事项应尽可能具体约定，约定的用词应尽可能唯一，如有几种解释，最好对用词进行定义，尽量避免因理解上的歧义造成合同纠纷。

第七章　工程价款支付与竣工结算

第一节　工程价款结算方式与预付款支付

一、工程款的主要结算方式

工程款结算，是指发包人在工程实施过程中，依据合同中相关付款条款的规定和已完成的工程量，按照规定的程序向承包人支付工程款的一项经济活动。工程款的结算主要有以下几种方式：

1. 按月结算。即先预付部分工程款，在施工过程中按月结算工程进度款，竣工后进行清算的办法。单价合同常采用按月结算的方式。

2. 分段结算。即按照工程的形象进度，划分不同阶段进行结算。形象进度一般划分为：基础、±0.000 以上的主体结构、装修、室外及收尾等。分段结算可以按月预支工程款。

3. 竣工后一次结算。建设项目或单项工程全部建筑安装工程建设期在 12 个月以内，或者工程承包合同价值在 100 万元以下的，可以实行开工前预付一定的预付款或加上工程款每月预支，竣工后一次结算的方式。

4. 结算双方约定的其他结算方式。

二、工程预付款的支付与抵扣

1. 工程预付款的支付

工程预付款是发包人为帮助承包人解决施工准备阶段的资金周转问题而提前支付的一笔款项，用于承包人为合同工程施工购置材料、机械设备、修建临时设施以及施工队伍进场等。工程是否实行预付款，取决于工程性质、承包工程量的大小及发包人在招标文件中的规定。工程实行预付款的，发包人应按合同约定的时间和比例（或金额）向承包人支付工程预付款。当合同对工程预付款的支付没有约定时，按照《计价规范》和财政部、建设部印发的《建设工程价款结算暂行办法》（财建〔2004〕369 号）的规定办理。

（1）工程预付款的额度：包工包料的工程原则上预付比例不低于合同金额（扣除暂列金额）的 10%，不高于合同金额（扣除暂列金额）的 30%；对重大工程项目，按年度工程计划逐年预付。实行工程量清单计价的工程，实体性消耗和非实体性消耗部分应在合同中分别约定预付款比例（或金额）。

（2）工程预付款的支付时间：承包人应在签订合同或向发包人提供与预付款等额的预付款保函后向发包人提交预付款支付申请。

发包人应在收到支付申请的 7 天内进行核实，向承包人发出预付款支付证书，并在签发支付证书后 7 天内向承包人支付预付款。

发包人没有按合同约定按时支付预付款的，承包人可催告发包人支付；发包人在预付款期满后 7 天内仍未支付的，承包人可在付款期满后第 8 天起暂停施工。发包人应承担由此增加的费用和延误的工期，并向承包人支付合理利润。

2. 工程预付款的抵扣

发包人拨付给承包人的工程预付款属于预支的性质。随着工程进度的推进，拨付的工程进度款数额不断增加，工程所需主要材料、构件的储备逐步减少，原已支付的预付款应以抵扣的方式从工程进度款中予以陆续扣回。预付的工程款必须在合同中约定扣回方式，常用的扣回方式有以下几种：

（1）在承包人完成金额累计达到合同总价一定比例（双方合同约定）后，采用等比率或等额扣款的方式分期抵扣。也可针对工程实际情况具体处理，如有些工程工期较短、造价较低，就无需分期扣还；有些工期较长，如跨年度工程，其预付款的占用时间很长，根据需要可以少扣或不扣。

（2）从未完施工工程尚需的主要材料及构件的价值相当于工程预付款数额时起扣，从每次中间结算工程价款中，按材料及构件比重抵扣工程预付款，至竣工之前全部扣清。

第二节 工程计量与价款支付

一、工程计量

工程量的正确计量是发包人向承包人支付工程进度款的前提和依据。

1. 工程计量的原则

（1）按合同文件中约定的方法进行计量；

（2）按承包人在履行合同义务过程中实际完成的工程量计算；

（3）对于不符合合同文件要求的工程，承包人超出施工图纸范围或因承包人原因造成返工的工程量，不予计量；

（4）若发现工程量清单中出现漏项、工程量计算偏差，以及工程变更引起工程量的增减变化应据实调整，正确计量。

2. 工程量的确认

承包人应按照合同约定，向发包人递交已完工程量报告；发包人应在接到报告后按合同约定进行核对。当承发包双方在合同中对工程量的计量时间、程序、方法和要求未作约定时，按以下规定办理：

（1）承包人应在每个月末或合同约定的工程段完成后向发包人递交上月或上一工程段已完工程量报告；

（2）发包人应在接到报告后7天内按施工图纸（含设计变更）核对已完工程量，并应在计量前24小时通知承包人，承包人应提供条件并按时参加核实。

（3）计量结果的确认：①如发、承包双方均同意计量结果，则双方应签字确认；②如承包人收到通知后不参加计量核对，则由发包人核实的计量应认为是对工程量的正确计量；③如发包人未在规定的核对时间内进行计量核对，承包人提交的工程计量视为发包人已经认可；④如发包人未在规定的核对时间内通知承包人，致使承包人未能参加计量核对的，则由发包人所作的计量核实结果无效；⑤对于承包人超出施工图纸范围或因承包人原因造成返工的工程量，发包人不予计量；⑥如承包人不同意发包人核实的计量结果，承包人应在收到上述结果后7天内向发包人提出，申明承包人认为不正确的详细情况。发包人收到后，应在 2 天内重新核对有关工程量的计量，或予以确认，或将其修改。

二、工程进度款支付

1. 承包人申请付款

承包人应在每个付款周期末，向发包人递交进度款支付申请，并附相应的证明文件。

除合同另有约定外，进度款支付申请应包括（但不限于）下列内容：

（1）本周期已完成工程的价款；

（2）累计已完成的工程价款；

（3）累计已支付的工程价款；

（4）本周期已完成计日工金额；

（5）应增加和扣减的变更金额；

（6）应增加和扣减的索赔金额；

（7）应抵扣的工程预付款；

（8）应扣减的质量保证金；

（9）根据合同应增加和扣减的其他金额；

（10）本付款周期实际应支付的工程价款。

2. 发包人支付工程进度款

发包人在收到承包人递交的工程进度款支付申请及相应的证明文件后，应在合同约定时间内进行核对，并按合同约定的时间和比例向承包人支付工程进度款。发包人应扣回的工程预付款，与工程进度款同期结算抵扣。

当承发包双方未在合同中对工程进度款支付申请的核对时间以及工程进度款支付时间、支付比例作约定时，根据《建设工程价款结算暂行办法》的相关规定办理：

（1）发包人应在收到承包人的工程进度款支付申请后 14 天内核对完毕，否则，从第 15 天起承包人递交的工程进度款支付申请视为被批准；

（2）发包人应在批准工程进度款支付申请的 14 天内，向承包人按不低于计量工程价款的 60%，不高于计量工程价款的 90%向承包人支付工程进度款；

（3）发包人在支付工程进度款时，应按合同约定的时间、比例（或金额）扣回工程预付款。

3. 发包人未按合同约定支付工程进度款的处理和责任

发包人未在合同约定时间内支付工程进度款，承包人应及时向发包人发出要求付款的通知，发包人收到承包人通知后仍不按要求付款，可与承包人协商签订延期付款协议，经承包人同意后延期支付。协议应明确延期支付的时间和从付款申请生效后按同期银行贷款利率计算应付款的利息。

发包人不按合同约定支付工程进度款，双方又未达成延期付款协议，导致施工无法进行时，承包人可停止施工，由发包人承担违约责任。

第三节　工程款索赔与现场签证

一、工程索赔的概念

索赔是指在合同履行过程中，对于非己方的过错而应由对方承担责任的情况造成的损失，向对方提出补偿的要求。建设工程施工中的索赔是发、承包双方行使正当权利的行为。

合同一方向另一方提出索赔时，应有正当的索赔理由和有效证据，并应符合合同的相关约定。由此可看出任何索赔事件成立必须满足其三要素：正当的索赔理由；有效的索赔证据；在合同约定的时限内提出。

二、索赔处理程序

1. 承包人索赔的处理

若承包人认为非承包人原因发生的事件造成了承包人的经济损失，承包人应在确认该事件发生后，按合同约定向发包人发出索赔通知。发包人在收到最终索赔报告后并在合同约定时间内，未向承包人作出答复，视为该项索赔已经认可。承包人索赔按下列程序处理：

（1）承包人在合同约定的时间内向发包人递交费用索赔意向通知书；

（2）发包人指定专人收集与索赔有关的资料；

（3）承包人在合同约定的时间内向发包人递交费用索赔申请表；

（4）发包人指定的专人初步审查费用索赔申请表，符合索赔条件时予以受理；

（5）发包人指定的专人进行费用索赔核对，经造价工程师复核索赔金额后，与承包人协商确定并由发包人批准；

（6）发包人指定的专人应在合同约定的时间内签署费用索赔审批表，并可要求承包人提交有关索赔的进一步详细资料。

若承包人的费用索赔与工程延期索赔要求相关联时，发包人在作出费用索赔的批准决定时，应结合工程延期的批准，综合作出费用索赔和工程延期的决定。发、承包双方确认的索赔费用与工程进度款同期支付。

2. 发包人索赔的处理

若发包人认为由于承包人的原因造成额外损失，发包人应在确认引起索赔的事件后，按合同约定向承包人发出索赔通知。承包人在收到发包人索赔通知后并在合同约定时间内，未向发包人作出答复，视为该项索赔已经认可。

当合同中对此未作具体约定时，按以下规定办理：

（1）发包人应在确认引起索赔的事件发生后 28 天内向承包人发出索赔通知，否则，承包人免除该索赔的全部责任。

（2）承包人在收到发包人索赔报告后的 28 天内，应作出回应，表示同意或不同意并附具体意见，如在收到索赔报告后的 28 天内，未向发包人作出答复，视为该项索赔报告已经认可。

三、索赔费用的组成

索赔费用的组成与建筑安装工程造价的组成相似，一般包括以下几个方面：

（1）人工费。包括增加工作内容的人工费、停工损失费和工作效率降低的损失费等累计，其中增加工作内容的人工费应按照计日工费计算，而停工损失费和工作效率降低的损失费按窝工费计算，窝工费的标准双方应在合同中约定。

（2）设备费。可采用机械台班费、机械折旧费、设备租赁费等几种形式。当工作内容增加引起的设备费索赔时，设备费的标准按照机械台班费计算。因窝工引起的设备费索赔,当施工机械属于施工企业自有时,按照机械折旧费计算索赔费用;当施工企业从外部租赁时,索赔费用的标准按照设备租赁费计算。

(3) 材料费。包括索赔事件引起的材料用量增加、材料价格大幅度上涨、非承包人原因造成的工期延误而引起的材料价格上涨和材料超期存储费用。

(4) 管理费。此项又可分为现场管理费和企业管理费两部分,由于二者的计算方法不一样,所以在审核过程中应区别对待。

(5) 利润。对工程范围、工作内容变更等引起的索赔,承包人可按原报价单中的利润百分率计算利润。

(6) 迟延付款利息。发包人未按约定时间进行付款的,应按银行同期贷款利率支付迟延付款的利息。

四、索赔的计算

1. 实际费用法(或称作额外成本法)。费用索赔常用的计算方法是实际费用法,该方法是按照各索赔事件所引起损失的费用项目分别分析计算索赔值,然后将各费用项目的索赔值汇总,即可得到总索赔费用值。这种方法以承包商为某项索赔工作所支付的实际开支为依据,但仅限于由于索赔事项引起的、超过原计划的费用,故也称额外成本法。在这种计算方法中,需要注意的是不要遗漏费用项目。

2. 总费用法。总费用法的基本思路是把固定总价合同转化为成本加酬金合同,以承包商的额外成本加上管理费和利润等附加费作为索赔值。这是一种最简单的计算方法,也常用于对索赔值的估算。但这种方法在实际工程索赔事件中应用较少,而不容易被对方、调解人和仲裁人认可。

3. 修正的总费用法。修正的总费用法是对总费用法的改进,即在总费用计算的原则上对总费用法进行相应的修改和调整,去掉一些比较不确切的可能因素,使其更合理。修正和调整的内容一般包括:①将计算索赔款的时间段仅局限于受到外界影响的时间(如雨期),而不是整个施工期;②只计算受影响时间段内的某项工作(如土坝碾压)所受影响的损失,而不是计算该时间段内所有施工所受的损失;③在受影响时间段内受影响的某项工程施工中,使用的人工、设备、材料等资源均有可靠的记录资料,如工程师的施工日志、现场施工记录等;④与该项工作无关的费用,不列入总费用中;⑤对投标报价时的估算费用重新进行核算。修正后的总费用法,同未经修正的总费用法比较有了实质性的改进,使它的准确程度接近于实际费用法,容易被业主和工程师接受。

五、现场签证

现场签证,是指发、承包双方现场代表(或其委托人)就施工过程中涉及的责任事件所作的签认证明。

1. 现场签证的范围

现场签证的范围一般包括:

(1) 适用于施工合同范围以外零星工程的确认;

(2) 在工程施工过程中发生变更后需要现场确认的工程量;

(3) 非施工单位原因导致的人工、设备窝工及有关损失;

(4) 符合施工合同规定的非施工单位原因引起的工程量或费用增减;

(5) 确认修改施工方案引起的工程量或费用增减;

（6）工程变更导致的工程施工措施费增减等。

2. 现场签证的程序

承包人应发包人要求完成合同以外的零星工作或非承包人责任事件发生时，承包人应按合同约定及时向发包人提出现场签证。当合同对现场签证未作具体约定时，按照《建设工程价款结算暂行办法》的规定处理：

（1）承包人应在接受发包人要求的 7 天内向发包人提出签证，发包人签证后施工。若没有相应的计日工单价，签证中还应包括用工数量和单价、机械台班数量和单价、使用材料品种及数量和单价等。若发包人未签证同意，承包人施工后发生争议的，责任由承包人自负。

（2）发包人应在收到承包人的签证报告 48 小时内给予确认或提出修改意见，否则视为该签证报告已经认可。

（3）发、承包双方确认的现场签证费用与工程进度款同期支付。

3. 现场签证费用的计算

现场签证费用的计价方式包括两种：第一种是完成合同以外的零星工作时，按计日工作单价计算。此时提交现场签证费用申请时，应包括下列证明材料：

（1）工作名称、内容和数量；

（2）投入该工作所有人员的姓名、工种、级别和耗用工时；

（3）投入该工作的材料类别和数量；

（4）投入该工作的施工设备型号、台数和耗用台时；

（5）监理人要求提交的其他资料和凭证。

第二种是完成其他非承包人责任引起的事件，应按合同中的约定计算。

第四节　工程价款调整

一、合同价款调整与其调整范围

1. 招标工程的合同价款由发包人、承包人依据中标通知书中的中标价格在协议书内约定，非招标工程的合同价款由发包人、承包人依据工程预算书在协议书内约定。合同价款在协议书内约定后，任何一方不得擅自改变，双方可在专用条款中约定采用的合同价款方式（固定价格合同、可调价格合同或成本加酬金合同中的任何一种）。

2. 合同价款调整的范围

（1）发包方（甲方）代表确认的工程量增减；

（2）发包方（甲方）代表确认的设计变更或工程洽商；

（3）工程造价管理部门公布的价格调整；

（4）合同约定的其他增减或调整。

二、工程价款调整方法

1. 工程造价指数调整法

这种方法是甲乙方采用当时的预算（或概算）定额单价计算出承包合同价，待竣工时，根据合理的工期及当地工程造价管理部门所公布的该月度（或季度）的工程造价指数，对原承包合同价予以调整，重点调整那些由于实际人工费、材料费、机械费等费用上涨及工程变更因素造成的差价，并对承包商给以调价补偿。

2. 实际价格调整法

在我国，由于建筑材料市场采购的范围越来越大，有些地区规定对钢材、木材、水泥等三大材料的价格采取按实际价格结算的方法。工程承包商可凭发票按时报销。这种方法方便而正确。但由于是实报实销，因而承包商对降低成本不感兴趣，为了避免副作用，地方主管部门要定期发布最高限价，同时合同文件中应规定建设单位或工程师有权要求承包商选择更廉价的供应来源。

3. 调价文件计算法

这种方法是甲乙方采取按当时的预算价格承包，在合同工期内，按照造价管理部门调价文件的规定，进行抽料补差（在同一价格期内按所完成的材料用量乘以差价），也有的地方定期发布主要材料供应价格和管理价格，对这一时期的工程进行抽料补差。

4. 调值公式法

按照国际惯例，对建设项目工程价款的动态结算，一般采用此法。事实上，在绝大多数国际工程项目中，甲乙双方在签订合同时就明确列出这一调值公式，并以此作为价差调整的计算依据。

建筑安装工程费用价格的调值公式一般包括固定部分、材料部分和人工部分。但当建筑安装工程的规模和复杂性增大时，公式也变得更为复杂。调值公式一般为：

$$P = P_0 \left(a_0 + a_1 \frac{A}{A_0} + a_2 \frac{B}{B_0} + a_3 \frac{C}{C_0} + a_4 \frac{D}{D_0} + \cdots \right)$$

式中　　　　　　　P——调值后合同价款或工程实际结算款；

　　　　　　　　　P_0——合同价款中工程预算进度款；

　　　　　　　　　a_0——固定要素，代表合同支付中不能调整的部分占合同总价中的比重；

a_1、a_2、a_3、$a_4\cdots$——代表有关和项费用（如人工费、材料费、机械费、运输费等）在合同总价中所占比重，$a_0 + a_1 + a_2 + a_3 + a_4 + \cdots = 1$；

A_0、B_0、C_0、$D_0\cdots$——投标截止日期前 28 天与 a_1、a_2、a_3、$a_4\cdots$ 对应的各项费用的基期价格指数或价格；

A、B、C、$D\cdots$——在工程结算月份与 a_1、a_2、a_3、$a_4\cdots$ 对应的各项费用的现行价格指数或价格。

在运用这一调值公式进行工程价款价差调整中要注意如下几点：

（1）固定要素通常的取值范围在 0.15～0.35 之间。固定要素对调价的结果影响很大，它与调价余额呈反比关系。固定要素相当微小的变化，隐含着在实际调价时很大的费用变动，所以，承包商在调值公式中采用的固定要素取值要尽可能偏小。

（2）调值公式法中有关的各项费用，按一般国际惯例，只选择用量大、价格高且具有代表性的一些典型人工费和材料费，通常是大宗的水泥、砂石料、钢材、木材、沥青等，并用它们的价格指数变化代表材料费的价格变化，以便尽量与实际情况接近。

（3）各部分成本的比重系数，在许多招标文件中要求承包人在投标中提出，并在价格分析中予以论证。但也有的是由发包人（业主）在招标文件中规定一个允许范围，由投标人在此范围内选定。

（4）调整有关各项费用要与合同条款规定相一致。签订合同时，甲乙双方一般应商定调整的有关费用和因素，以及物价波动到何种程度才进行调整。在国际工程中，一般超过5％左右才进行调整。

（5）调整有关各项费用要注意地点和时点。地点一般指工程所在地或指定的某地市场价格；时点指某月某日的市场价格。这里要确定两个时点价格，即签订合同时间某个时点的市场价格（基础价格）和每次支付前的一定时间的时点价格。

（6）确定每个品种的系数和固定要素系数，品种的系数要根据该品种价格对总造价的影响程度而定。各品种系数之和加上固定要素系数应该等于1。

第五节 工 程 竣 工 结 算

一、工程竣工结算的概念

1. 工程竣工结算的概念

竣工结算指一个单位工程、单项工程或建设项目的建筑装饰工程完工并经建设单位及有关部门验收点交后，按照合同等有关规定在原施工图预算、合同价格的基础上编制调整预算和价格，由承包商提出，并经发包人审核签认的，以表达该工程造价为主要内容，并作为结算工程价款依据的经济文件行为。

工程竣工结算由承包人或受其委托具有相应资质的工程造价咨询人编制，由发包人或受其委托具有相应资质的工程造价咨询人核对。

2. 工程竣工结算的作用

①工程竣工结算是施工单位确定工程的最终收入、考核工程成本和进行经济核算的依据；

②竣工结算是确定工程最终造价，完成建设单位与施工单位之间的合同关系和经济责任的依据；

③竣工结算反映了建筑装饰工作量和工程实物量的实际完成情况，从而为建设单位编制竣工决算提供基础资料；

④竣工结算的完成，标志着施工企业和建设单位双方所承担的合同义务和经济责任的结束。

二、竣工决算与竣工结算的区别

工程竣工结算是承包方将所承包的工程按照合同规定全部完工并经验收合格后，向发包单位进行的最终工程价款结算。竣工结算由承包方的预算部门负责编制。

竣工决算是建设工程经济效益的全面反映，是项目法人核定各类新增资产价值、办理其交付使用的依据。

竣工结算和竣工决算不同。竣工决算与竣工结算的区别如表7-1所示。

工程竣工结算和竣工决算的区别 表 7-1

区别项目	工程竣工结算	工程竣工决算
编制单位及部门	承包方的预算部门	项目业主的财务部门
内容	承包方承包施工的建筑安装工程的全部费用。它最终反映承包方完成的施工产值	建设工程从筹建开始到竣工交付使用为止的全部建设费用，它反映建设工程的投资效益

区别项目	工程竣工结算	工程竣工决算
性质和作用	1. 承包方与业主办理工程价款最终结算的依据 2. 双方签订的建筑安装工程承包合同终结的凭证 3. 业主编制竣工决算的主要资料	1. 业主办理交付、验收、动用新增各类资产的依据 2. 竣工验收报告的重要组成部分

三、竣工结算的程序

《建设工程施工合同（示范文本）》约定："工程竣工验收报告经发包人认可后 28 天内，承包人向发包人递交竣工结算报告及完整的结算资料，双方按照协议书约定的合同价款及专用条款约定的合同价款调整内容，进行工程竣工结算"。专业监理工程师审核承包人报送的竣工结算报表；总监理工程师审定竣工结算报表；与发包人、承包人协商一致后，签发竣工结算文件和最终的工程款支付证书。

发包人收到承包人递交的竣工结算报告结算资料后 28 天内进行核实，给予确认或者提出修改意见。发包人确认竣工结算报告后通知经办银行向承包人支付竣工结算价款。承包人收到竣工结算价款后 14 天内将竣工工程交付发包人。

发包人收到竣工结算报告及结算资料后 28 天内无正当理由不支付工程竣工结算价款，从第 29 天起按承包人同期向银行贷款利率支付拖欠工程价款的利息，并承担违约责任。

发包人收到竣工结算报告及结算资料后 28 天内无正当理由不支付工程竣工结算价款，承包人可以催告发包人支付结算价款。发包人在收到竣工结算报告及结算资料后 56 天内仍不支付的，承包人可以与发包人协议将该工程折价，也可以由承包人申请人民法院将该工程依法拍卖，承包人就该工程折价或者拍卖的价款优先受偿。

工程竣工验收报告经发包人认可后 28 天内，承包人未能向发包人递交竣工结算报告及完整的结算资料，造成工程竣工结算不能正常进行或工程竣工结算价款不能及时支付，发包人要求交付工程的，承包人应当交付；发包人不要求交付工程的，承包人承担保管责任。

单位工程或单项工程竣工后，承包人应在提交竣工验收报告的同时，向发包人递交竣工计算报告及完整的计算资料。发包人应按规定的期限进行核实，给予确认或者提出修改意见；在规定或合同约定期限内，对结算报告及资料没有提出意见，则视同认可。工程竣工计算审查期限规定如表 7-2 所示。

工程竣工计算审查期限规定　　　　　　　　　　　　　　　表 7-2

工程竣工结算报告金额	审查时间（从接到竣工结算报告和完整的竣工结算资料之日起）
500 万元以下	20 天
500 万元～2000 万元	30 天
2000 万元～5000 万元	45 天
5000 万元以上	60 天

承包人如未在规定时间内提供完整的工程竣工结算资料，经发包人催促后 14 天内仍未提供或没有明确答复，发包人有权根据已有资料进行审查，责任由承包人负责。

同一工程竣工结算核对完成，发、承包双方签字确认后，禁止发包人又要求承包人与另一个或多个工程造价咨询人重复核对竣工结算。

四、竣工结算的依据

结合《计价规范》和《建设项目工程结算编审规程》CECA/GC 3—2007 的规定，工程竣工结算的主要依据有：

1. 国家有关法律、法规、规章制度和相关的司法解释；

2.《计价规范》和《计算规范》；

3. 施工承发包合同、专业分包合同及补充合同，有关材料、设备采购合同；

4. 招标文件（包括招标答疑文件）、投标文件、中标报价书等；

5. 工程竣工图纸、施工图、施工图会审记录，经批准的施工组织设计，以及设计变更、工程洽商和相关会议纪要；

6. 经批准的开、竣工报告或停、复工报告；

7. 双方确认的工程量；

8. 双方确认追加（减）的工程价款；

9. 双方确认的索赔、现场签证事项及价款；

10. 其他依据。

五、竣工结算的编制

1. 竣工结算的编制方法

竣工结算的编制应区分合同类型，采用相应的编制方法。

（1）采用总价合同的，应在合同价基础上对设计变更、工程洽商以及工程索赔等合同约定可以调整的内容进行调整；

（2）采用单价合同的，应计算或核定竣工图或施工图以内的各个分部分项工程量，依据合同约定的方式确定分部分项工程项目价格，并对设计变更、工程洽商、施工措施以及工程索赔等内容进行调整；

（3）采用成本加酬金合同的，应依据合同约定的方法计算各个分部分项工程以及设计变更、工程洽商、施工措施等内容的工程成本，并计算酬金及有关税费。

2. 竣工结算的编制内容

采用工程量清单计价，竣工结算编制的主要内容有：

（1）工程项目的所有分部分项工程量，以及实施工程项目采用的措施项目工程量；为完成所有工程量并按规定计算的人工费、材料费、设备费、机械费、间接费、利润和税金。

（2）分部分项工程和措施项目以外的其他项目所需计算的各项费用。

（3）工程变更费用；索赔费用；合同约定的其他费用。

3. 竣工结算的计算方法

工程量清单计价法通常采用单价合同的合同计价方式，竣工结算的编制是采取合同价加变更签证的方式进行。

工程项目竣工结算价＝∑单项工程竣工结算价

单项工程竣工结算价＝∑单位工程竣工结算价

单位工程竣工结算价＝分部分项工程费＋措施费＋其他项目费＋规费＋税金

（1）分部分项工程费的计算

分部分项工程费应依据发、承包双方确认的工程量、合同约定的综合单价计算；如发生调整的，以发、承包双方确认调整的综合单价计算。

（2）措施项目费的计算

①采用综合单价计价的措施项目，应依据发、承包双方确认的工程量和综合单价计算；如发生调整的，以发、承包双方确认调整的综合单价计算。

②以"项"计价的措施项目，应依据合同约定的措施项目和金额或发、承包双方确认调整后的金额计算。

③措施项目费中的安全文明施工费应按照国家或省级、行业建设主管部门的规定计算；如果施工过程中，相关规定进行了调整，安全文明施工费也应作相应调整。

（3）其他项目费用的计算

①计日工应按发包人实际签证确认的事项计算。

②暂估价中的材料单价应按发、承包双方最终确认价在综合单价中调整；专业工程暂估价应按中标价或发包人、承包人与分包人最终确认价计算。

③总承包服务费应依据合同约定金额计算；如发生调整的，以发、承包双方确认调整的金额计算。

④索赔费用应依据发、承包双方确认的索赔事项和金额计算。

⑤现场签证费用应依据发、承包双方签证资料确认的金额计算。

⑥暂列金额应减去工程价款调整与索赔、现场签证金额计算，如有余额归发包人，如有差额则由发包人补足并反映在相应项目的工程价款中。

（4）规费和税金的计算

规费和税金应按照国家或省级、行业建设主管部门规定的计取标准计算。

六、竣工结算的审查

1. 竣工结算的审查方法

竣工结算的审查应依据合同约定的结算方法进行，根据合同类型，采用不同的审查方法。

（1）采用总价合同的，应在合同价的基础上对设计变更、工程洽商以及工程索赔等合同约定可以调整的内容进行审查。

（2）采用单价合同的，应审查施工图以内的各个分部分项工程量，依据合同约定的方式审查分部分项工程价格，并对设计变更、工程洽商、工程索赔等调整内容进行审查。

（3）采用成本加酬金合同的，应依据合同约定的方法审查各个分部分项工程以及设计变更、工程洽商等内容的工程成本，并审查酬金及有关税费的取定。

除非已有约定，竣工结算应采用全面审查的方法，严禁采用抽样审查、重点审查、分析对比审查和经验审查的方法，避免审查疏漏现象发生。

2. 竣工结算的审查内容

（1）审查结算的递交程序和资料的完备性

①审查结算资料的递交手续、程序的合法性，以及结算资料具有的法律效力。

②审查结算资料的完整性、真实性和相符性。

（2）审查与结算有关的各项内容

①建设工程发承包合同及其补充合同的合法性和有效性。

②施工发承包合同范围以外调整的工程价款。

③分部分项、措施项目、其他项目工程量及单价。

④发包人单独分包工程项目的界面划分和总包人的配合费用。

⑤工程变更、索赔、奖励及违约费用。

⑥取费、税金、政策性调整以及材料差价计算。

⑦实际施工工期与合同工期发生差异的原因和责任，以及对工程造价的影响程度。

⑧其他涉及工程造价的内容。

第八章　装饰装修工程成本控制概述与成本计划的编制

第一节　装饰装修工程成本控制概述

一、成本管理的概念

工程项目成本管理就是要在保证工期、安全和质量满足要求的情况下，利用组织措施、经济措施、技术措施、合同措施把成本控制在计划范围内，并进一步寻求最大程度的成本节约。

施工成本管理的任务和环节主要包括：

(1) 施工成本预测；

(2) 施工成本计划；

(3) 施工成本控制；

(4) 施工成本核算；

(5) 施工成本分析；

(6) 施工成本考核。

施工成本是指在建设工程项目的施工过程中所发生的全部生产费用的总和。建设工程项目施工成本由直接成本和间接成本组成。

直接成本是指施工过程中耗费的构成工程实体或有助于工程实体形成的各项费用支出，是可以直接计入工程对象的费用，包括人工费、材料费、施工机械使用费和施工措施费等。

间接成本是指为完成工程所发生的、不易直接归属于工程成本核算对象而应分配计入有关工程成本核算对象的各项费用支出。主要是企业下属施工单位或生产单位为组织和管理工程施工所发生的全部支出，包括临时设施摊销费用和施工单位管理人员工资、奖金、职工福利费，固定资产折旧费及修理费，物料消耗，低值易耗品摊销，取暖费，水电费，办公费，差旅费，财产保险费，检验试验费，工程保修费，劳动保护费，排污费及其他费用。这里所说的"下属施工单位"是指建筑安装企业的工区、施工队、项目经理部、非独立核算为内部工程项目服务的维修、加工单位等。间接成本不包括企业行政管理部门为组织和管理生产经营活动而发生的费用。

二、施工成本预测

施工成本预测就是根据成本信息和施工项目的具体情况，运用一定的专门方法，对未来的成本水平及其可能发展趋势作出科学的估计，其是在工程施工以前对成本进行的估算。施工成本预测是施工项目成本决策与计划的依据。

三、施工成本计划

施工成本计划是以货币形式编制施工项目在计划期内的生产费用、成本水平、成本降低率以及为降低成本所采取的主要措施和规划的书面方案，它是建立施工项目成本管理责任制、开展成本控制和核算的基础，它是该项目降低成本的指导文件，是设立目标成本的依据。

施工成本计划应满足的要求：

（1）合同规定的项目质量和工期要求；

（2）组织对项目成本管理目标的要求；

（3）以经济合理的项目实施方案为基础的要求；

（4）有关定额及市场价格的要求；

（5）类似项目提供的启示。

施工成本计划一般情况下有以下三类指标：

（1）成本计划的数量指标；

（2）成本计划的质量指标，如施工项目总成本降低率；

（3）成本计划的效益指标，如工程项目成本降低额。

四、施工成本控制

建设工程项目施工成本控制应贯穿于项目从投标阶段开始直至竣工验收的全过程，它是企业全面成本管理的重要环节。

合同文件和成本计划是成本控制的目标，进度报告和工程变更与索赔资料是成本控制过程中的动态资料。

五、施工成本核算

施工成本核算包括两个基本环节：一是按照规定的成本开支范围对施工费用进行归集和分配，计算出施工费用的实际发生额；二是根据成本核算对象，采用适当的方法，计算出该施工项目的总成本和单位成本。施工成本管理需要正确及时地核算施工过程中发生的各项费用，计算施工项目的实际成本。施工项目成本核算所提供的各种成本信息，是成本预测、成本计划、成本控制、成本分析和成本考核等各个环节的依据。

施工成本一般以单位工程为成本核算对象。

施工成本核算制是明确施工成本核算的原则、范围、程序、方法、内容、责任及要求的制度。项目管理必须实行施工成本核算制，它和项目经理责任制等共同构成了项目管理的运行机制。

项目经理部要建立一系列项目业务核算台账和施工成本会计账户，实施全过程的成本核算，具体可分为定期的成本核算和竣工工程成本核算。

形象进度、产值统计、实际成本归集三同步，即三者的取值范围应是一致的。形象进度表达的工程量、统计施工产值的工程量和实际成本归集所依据的工程量均应是相同的数值。

对竣工工程的成本核算，应区分为竣工工程现场成本和竣工工程完全成本，分别由项目经理部和企业财务部门进行核算分析，其目的在于分别考核项目管理绩效和企业经营效益。

六、施工成本分析

施工成本分析是在施工成本核算的基础上，对成本的形成过程和影响成本升降的因素进行分析，以寻求进一步降低成本的途径，包括有利偏差的挖掘和不利偏差的纠正。施工成本分析贯穿于施工成本管理的全过程，其是在成本的形成过程中，主要利用施工项目的成本核算资料（成本信息），与目标成本、预算成本以及类似的施工项目的实际成本等进行比较，了解成本的变动情况；同时也要分析主要技术经济指标对成本的影响，系统地研究成本变动的因素，检查成本计划的合理性，并通过成本分析，深入揭示成本变动的规律，寻找降低施工项目成本的途径，以便有效地进行成本控制。成本偏差的控制，分析是关键，纠偏是核心。

七、施工成本考核

施工成本考核是衡量成本降低的实际成果，也是对成本指标完成情况的总结和评价。

以施工成本降低额和施工成本降低率作为成本考核的主要指标。

施工成本管理的每一个环节都是相互联系和相互作用的。成本预测是成本决策的前提，成本计划是成本决策所确定目标的具体化。成本计划控制则是对成本计划的实施进行控制和监督，保证决策的成本目标的实现，而成本核算又是对成本计划是否实现的最后检验，它所提供的成本信息又对下一个施工项目成本预测和决策提供基础资料。成本考核是实现成本目标责任制的保证和实现决策目标的重要手段。

第二节　装饰装修工程成本计划的编制

一、施工成本计划的编制依据

施工成本计划是施工项目成本控制的一个重要环节，是实现降低施工成本任务的指导性文件。

施工成本计划的编制依据包括：
- 投标报价文件；
- 企业定额、施工预算；
- 施工组织设计或施工方案；
- 人工、材料、机械台班的市场价；
- 企业颁布的材料指导价、企业内部机械台班价格、劳动力内部挂牌价格；
- 周转设备内部租赁价格、摊销损耗标准；
- 已签订的工程合同、分包合同（或估价书）；
- 结构件外加工计划和合同；
- 有关财务成本核算制度和财务历史资料；
- 施工成本预测资料；
- 拟采取的降低施工成本的措施；
- 其他相关资料。

二、施工成本计划的编制方法

施工成本计划的编制以成本预测为基础，关键是确定目标成本。一般情况下，施工成本计划总额应控制在目标成本的范围内，并使成本计划建立在切实可行的基础上。

施工成本计划的编制方式主要有三种：按施工成本组成编制施工成本计划；按施工项目组成编制施工成本计划；按施工进度编制施工成本计划。

1. 按施工成本组成编制施工成本计划

施工成本可以按成本构成分解为人工费、材料费、施工机械使用费、措施项目费和企业管理费等（图 8-1），编制按施工成本组成分解的施工成本计划。

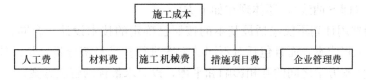

图 8-1　按施工成本组成分解

2. 按施工项目组成编制施工成本计划的方法

大中型工程项目通常是由若干单项工程构成的，而每个单项工程包括了多个单位工程，每个单位工程又是由若干个分部分项工程所构成。因此，首先要把项目总施工成本分解到单项工程和单位工程中，再进一步分解到分部工程和分项工程中，如图 8-2 所示。

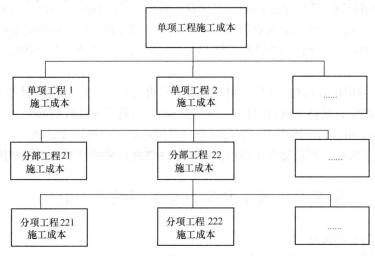

图 8-2　按项目组成分解

在编制成本支出计划时，要在项目总的方面考虑总的预备费，也要在主要的分项工程中安排适当的不可预见费，避免在具体编制成本计划时，可能发现个别单位工程或工程量表中某项内容的工程量计算有较大出入，使原来的成本预算失实，并在项目实施过程中对其尽可能地采取一些措施。

3. 按施工进度编制施工成本计划的方法

编制按施工进度的施工成本计划，通常可利用控制项目进度的网络图进一步扩充而得。即在建立网络图时，一方面确定完成各项工作所需花费的时间，另一方面同时确定完成这一工作的合适的施工成本支出计划。在实践中，将工程项目分解为既能方便地表示时间，又能方便地表示施工成本支出计划的工作是不容易的，通常如果项目分解程度对时间控制合适的话，则对施工成本支出计划可能分解过细，以至于不可能对每项工作确定其施工成本支出计划，反之亦然。因此在编制网络计划时，应在充分考虑进度控制对项目划分要求的同时，还要考虑确定施工成本支出计划对项目划分的要求，做到二者兼顾。

以上三种编制施工成本计划的方式并不是相互独立的。在实践中，往往是将这几种方式结合起来使用，从而可以取得扬长避短的效果。

三、积极的费用计划

积极的费用计划不仅不局限于事先的费用估算或报价，而且也不局限于做工程项目的费用进度计划（即S曲线），还体现在如下方面：

1. 积极的费用计划不仅包括最基本的按照已确定的技术设计、合同、工期、实施方案和环境预算工程成本，而且包括对不同的方案进行技术经济分析，从总体上考虑工期、费用、质量、实施方案之间的互相影响和平衡，以寻求最优的解决方案。

2. 费用计划已不局限于建设费用，而且应该考虑运营费用，即采用全生命周期费用计划和优化方法。通常对确定的功能要求，建设质量标准高，建设费用增加则运营费用会降低；反之，如果建设费用低，运营费用就会提高。所以应该进行权衡，考虑两者都合适的方案。

3. 全过程的费用计划管理。不仅在计划阶段进行周密的费用计划，而且在实施过程中积极参与费用控制，不断地按新的情况（新的设计、新的环境、新的实施状况）调整和修改费用计划，预测工程结束的费用状态以及工程经济效益，形成一个动态控制过程。在项目实施过程中，人们做任何决策都要做相关的费用预算，顾及对费用和项目经济效益的影响。

4. 积极的费用计划目标不仅是项目建设费用的最小化，而且是项目盈利的最大化。盈利的最大化经常是从整个项目（包括生产运行期）的效益角度分析的。

5. 积极的费用计划还体现在，不仅按照项目预定的规模和进度计划安排资金的供应，保证项目的顺利实施，而且又要按照可获得资源（资金）量安排项目规模和进度计划。

第三节　施工预算与施工图预算的对比

一、两算对比的含义

"两算对比"是指施工预算和施工图预算各指标的比较。施工图预算是确定工程造价的依据，施工预算是施工企业控制工程成本的尺度。

在编制成本计划时要进行施工预算和施工图预算的对比分析，通过"两算"对比，分析节约和超支的原因，以便提出解决问题的措施，防止工程成本的亏损，为降低工程成本提供依据。

"两算"对比的方法有实物对比法和金额对比法。

实物对比法是指将施工预算和施工图预算计算出的人工、材料消耗量，分别填入两算对比表进行对比分析，算出节约或超支的数量及百分比，并分析原因。

金额对比法是指将施工预算和施工图预算计算出的人工费、材料费、机械费分别填入两算对比表进行对比分析，算出节约或超支的金额及百分比，并分析原因。

二、两算对比的内容

1. 人工量及人工费对比分析

施工预算的人工数量及人工费与施工图预算对比，一般要低6％左右。这是由于二者使用不同定额造成的。例如，砌砖墙项目中，砂子、标准砖和砂浆的场内水平运输距离，施工定额按50m考虑；而计价定额则包括了材料、半成品的超运距用工。同时，计价定额的人工消耗指标还考虑了在施工定额中未包括，而在一般正常施工条件下又不可避免发生的一些零星用工因素。如土建施工各工种之间的工序搭接所需停歇的时间；因工程质量检查和隐蔽工程验收而影响工人操作的时间；施工中不可避免的其他少数零星用工等。所以，施工定额的用工量一般都比预算定额低。

2. 材料消耗量及材料费的对比分析

施工定额的材料损耗率一般都低于计价定额，同时，编制施工预算时还要考虑扣除技术措施的材料节约量。所以，施工预算的材料消耗量及材料费一般低于施工图预算。

有时，由于两种定额之间的水平不一致，个别项目也会出现施工预算的材料消耗量大于施工图预算的情况。不过，总的水平应该是施工预算低于施工图预算。如果出现反常情况，则应进行分析研究，找出原因，采取措施，加以解决。

3. 施工机械费的对比分析

施工预算机械费，是根据施工组织设计或施工方案所规定的实际进场机械，按其种类、型号、台数、使用期限和台班单价计算。而施工图预算的施工机械是计价定额综合确定的，与实际情况可能不一致。因此，施工机械部分只能采用两种预算的机械费进行对比分析。如果发生施工预算的机械费大量超支，而又无特殊原因时，则应考虑改变原施工方案，尽量做到不亏损而略有盈余。

4. 周转材料使用费的对比分析

周转材料主要指脚手架和模板。施工预算的脚手架是根据施工方案确定的搭设方式和材料，施工图预算则综合了脚手架搭设方式，按不同结构和高度，以建筑面积为基数计算的；施工预算模板是按混凝土与模板的接触面积计算，施工图预算的模板则按混凝土体积综合计算。因而，周转材料宜采用按其发生的费用进行对比分析。

第九章 装饰装修工程成本分析与控制

第一节 装饰装修工程成本核算

施工成本分析，就是根据会计核算、业务核算和统计核算提供的资料，对施工成本的形成过程和影响成本升降的因素进行分析，以寻求进一步降低成本的途径；另一方面，通过成本分析，可从账簿、报表反映的成本现象中看清成本的实质，从而增强项目成本的透明度和可控性，为加强成本控制、实现项目成本目标创造条件。

一、会计核算

会计核算主要是价值核算。会计核算通过资产、负债、所有者权益、收入、费用和利润等会计6要素来核算。会计记录具有连续性、系统性、综合性等特点，所以它是施工成本分析的重要依据。

二、业务核算

业务核算是各业务部门根据业务工作的需要而建立的核算制度，它包括原始记录和计算登记表。业务核算的范围比会计、统计核算要广，会计和统计核算一般是对已经发生的经济活动进行核算，而业务核算，不但可以对已经发生的，而且还可以对尚未发生或正在发生的经济活动进行核算，看是否可以做，是否有经济效果。它的特点是对个别的经济业务进行单项核算。业务核算的目的，在于迅速取得资料，在经济活动中及时采取措施进行调整。

三、统计核算

统计核算是利用会计核算资料和业务核算资料，把企业生产经营活动客观现状的大量数据，按统计方法加以系统整理，表明其规律性。它的计量尺度比会计宽，可以用货币计算，也可以用实物或劳动量计量。它通过全面调查和抽样调查等特有的方法，不仅能提供绝对数指标，还能提供相对数和平均数指标，可以计算当前的实际水平，确定变动速度，可以预测发展的趋势。

四、工程成本的收集

1. 费用核算的基础工作及各部门的费用管理职责

（1）成本核算的基础工作应建立健全成本核算的原始记录管理制度、计量验收制度、财产、物资的管理与清查盘点制度、内部价格制度及内部稽核制度。

（2）各部门的费用管理职责

①计划（经营）统计部门：编制预算及内部结算单价，按成本核算对象确认当期已完工程的实物工程量和未完工程情况，编制工程价款结算单，及时同业主和分包单位进行结算。

②劳动工资部门制定项目用工记录、统计制度，收集班组用工日报表，建立项目用工

台账，编制职工考勤统计表、单位工程用工统计表。

③物资管理部门：搞好计划采购，建立材料采购比价制度，按经济批量采购，降低存货总成本；建立健全材料收、发、领、退制度，做好修旧利废工作，耗料注明工程项目或费用项目；加强机械设备的调度平衡和检修维护，提高设备完好率和利用率，提供机械设备运输记录和机械费用的分配资料。

④财务部门：财务部门是成本核算的中心，全面组织成本核算，掌握成本开支范围，参与制定内部承包方案并对其执行情况进行考核，开展成本预测，进行成本分析。

2. 费用核算与分配

工程费用核算就是将工程施工过程中发生的各项费用，根据有关资料，通过一定的科目进行汇总，然后再直接或分配计入有关的成本核算对象，计算出各个工程项目的实际费用。

费用核算总的原则是：能分清受益对象的直接计入，分不清的需按一定标准分配计入。各项费用的核算方法如下：

(1) 人工费的核算劳动工资部门根据考勤表、施工任务书和承包结算书等，每月向财务部门提供"单位工程用工汇总表"，财务部门据以编制"工资分配表"，按受益对象计入成本和费用。

采用计件工资制度的，费用一般能分清为哪个工程项目所发生的；采用计时工资制度的，计入成本的工资应按照当月工资总额和工人总的出勤工日计算的日平均工资及各工程当月实际用工数计算分配；工资附加费可以采取比例分配法；劳动保护费的分配方法同工资是相同的。

(2) 材料费的核算应根据发出材料的用途，划分工程耗用与其他耗用的界限，只有直接用于工程所耗用的材料才能计入成本核算对象的"材料费"成本项目，为组织和管理工程施工所耗用的材料及各种施工机械所耗用的材料，应先分别通过"间接费用"、"机械作业"等科目进行归集，然后再分配到相应的费用项目中。

材料费的归集和分配的方法：

①凡领用时能够点清数量、分清用料对象的，应在领料单上注明成本核算对象的名称，财会部门据以直接汇总计入成本核算对象的"材料费"项目。

②领用时虽然能点清数量，但属于集中配料或统一下料的，则应在领料单上注明"集中配料"，月末由材料部门根据配料情况，结合材料耗用定额编制"集中配料耗用计算单"，据以分配计入各受益对象。

③既不易点清数量、又难分清成本核算对象的材料，可采用实地盘存制计算本月实际消耗量，然后根据核算对象的实物量及材料耗用定额编制"大堆材料耗用计算单"，据以分配计入各受益对象。

④周转材料、低值易耗品应按实际领用数量和规定的摊销方法编制相应的摊销计算单，以确定各成本核算对象应摊销费用数额。

(3) 机械使用费的核算租入机械费用一般都能分清核算对象；自有机械费用，应通过"机械作业"归集并分配。其分配方法如下：

①台班分配法。即按各成本核算对象使用施工机械的台班数进行分配。它适用于单机核算情形。

②预算分配法。即按实际发生的机械作业费用占预算定额规定的机械使用费的比率进行分配。它适用于不便计算台班的机械使用费。

③作业量分配法。即以各种机械所完成的作业量为基础进行分配。比如以吨公里计算分配汽车费用。

(4) 其他直接费的核算。其他直接费一般都可分清受益对象，发生时直接计入成本。

(5) 间接费用的核算。间接费用的分配一般分两次，第一次是以人工费为基础将全部费用在不同类别的工程以及对外销售之间进行分配；第二次分配是将第一次分配到各类工程成本和产品的费用再分配到本类各成本核算对象中。分配的标准是，建筑工程以直接费为标准，安装工程以人工费为标准，产品（劳务、作业）的分配以直接费或人工费为标准。

第二节　装饰装修工程成本分析

一、施工成本分析的基本方法

施工成本分析的基本方法包括比较法、因素分析法、差额计算法、比率法等。

1. 比较法

比较法，又称"指标对比分析法"，就是通过技术经济指标的对比，检查目标的完成情况，分析产生差异的原因，进而挖掘内部潜力的方法。这种方法，具有通俗易懂、简单易行、便于掌握的特点，因而得到了广泛的应用，但在应用时必须注意各技术经济指标的可比性。比较法的应用，通常有下列形式。

(1) 将实际指标与目标指标对比。以此检查目标完成情况，分析影响目标完成的积极因素和消极因素，以便及时采取措施，保证成本目标的实现。在进行实际指标与目标指标对比时，还应注意目标本身有无问题。如果目标本身出现问题，则应调整目标，重新正确评价实际工作的成绩。

(2) 本期实际指标与上期实际指标对比。通过这种对比，可以看出各项技术经济指标的变动情况，反映施工管理水平的提高程度。

(3) 与本行业平均水平、先进水平对比。通过这种对比，可以反映本项目的技术管理和经济管理与行业的平均水平和先进水平的差距，进而采取措施赶超先进水平。

2. 因素分析法

因素分析法又称连环置换法，这种方法可用来分析各种因素对成本的影响程度。在进行分析时，首先要假定众多因素中的一个因素发生了变化，而其他因素则不变，然后逐个替换，分别比较其计算结果，以确定各个因素的变化对成本的影响程度。因素分析法的计算步骤如下：

(1) 确定分析对象，并计算出实际与目标数的差异；

(2) 确定该指标是由哪几个因素组成的，并按其相互关系进行排序（排序规则是：先实物量，后价值量；先绝对值，后相对值）；

(3) 以目标数为基础，将各因素的目标数相乘，作为分析替代的基数；

(4) 将各个因素的实际数按照上面的排列顺序进行替换计算，并将替换后的实际数保留下来；

（5）将每次替换计算所得的结果，与前一次的计算结果相比较，两者的差异即为该因素对成本的影响程度；

（6）各个因素的影响程度之和，应与分析对象的总差异相等。

【例 9-1】 某承包企业承包一工程，计划砌砖工程量 1200m³，按预算定额规定，每 m³ 耗用空心砖 510 块，每块空心砖计划价格为 0.12 元；而实际砌砖工程量却达 1500m³，每立方米实耗空心砖 500 块，每块空心砖实际购入价为 0.18 元。试用因素分析法进行成本分析。

【解】

砌砖工程空心砖成本计算公式为：

空心砖成本＝砌砖工程量×每 m³ 空心砖消耗量×每块空心砖价格

采用因素分析法对上述三因素分别对空心砖成本的影响进行分析。计算过程和结果见表 9-1。

以上分析结果表明，实际空心砖成本比计划超出 61560 元，主要原因是由于工程量增加和空心砖单价提高引起的；另外，由于单方空心砖消耗的节约，使空心砖成本节约了 1800 元。

砌砖工程空心砖成本分析表　　　　　　　　　　　表 9-1

计算顺序	砌砖工程量	每立方米空心砖消耗量	空心砖单价（元）	砌砖工程成本（元）	差异数（元）	差异原因
计划数	1200	510	0.12	73440		
第一次替代	1500	510	0.12	91800	18360	由于工程量增加
第二次替代	1500	500	0.12	90000	−1800	由于空心砖节约
第三次替代	1500	500	0.18	135000	45000	由于单价提高
合计					61560	

3. 差额计算法

差额计算法是因素分析法的一种简化形式，它利用各个因素的目标值与实际值的差额来计算其对成本的影响程度。

【例 9-2】 以例 9-1 的成本分析资料为基础，利用差额计算法分析各因素对成本的影响程度。

【解】

工程量的增加对成本的影响额＝（1500−1200）×510×0.12＝18360 元

材料消耗量变动对成本的影响额＝1500×（500−510）×0.12＝−1800 元

材料单价变动对成本的影响额＝1500×500×（0.18-0.12）＝45000 元

各因素变动对材料费用总的影响额＝18360−1800+45000＝61560 元

4. 比率法

比率法是指用两个以上的指标的比例进行分析的方法。它的基本特点是：先把对比分析的数值变成相对数，再观察其相互之间的关系。常用的比率法有以下几种。

（1）相关比率法。由于项目经济活动的各个方面是相互联系，相互依存，又相互影响的，因而可以将两个性质不同而又相关的指标加以对比，求出比率，并以此来考察经营成果的好坏。例如：产值和工资是两个不同的概念，但他们的关系又是投入与产出的关系。在一般情况下，都希望以最少的工资支出完成最大的产值。因此，用产值工资率指标来考核人工费的支出水平，就很能说明问题。

（2）构成比率法。又称比重分析法或结构对比分析法。通过构成比率，可以考察成本总量的构成情况及各成本项目占成本总量的比重，同时也可看出量、本、利的比例关系（即预算成本、实际成本和降低成本的比例关系），从而为寻求降低成本的途径指明方向。

（3）动态比率法。动态比率法，就是将同类指标不同时期的数值进行对比，求出比率，以分析该项指标的发展方向和发展速度。动态比率的计算，通常采用基期指数和环比指数两种方法。

二、综合成本的分析

1. 分部分项工程成本分析

分部分项工程成本分析是施工项目成本分析的基础。分部分项工程成本分析的对象为已完成分部分项工程。分析的方法是：进行预算成本、目标成本和实际成本的"三算"对比，分别计算实际偏差和目标偏差，分析偏差产生的原因，为今后的分部分项工程成本寻求节约途径。

分部分项工程成本分析的资料来源是：预算成本来自投标报价成本，目标成本来自施工预算，实际成本来自施工任务单的实际工程量、实耗人工和限额领料单的实耗材料。

由于施工项目包括很多分部分项工程，不可能也没有必要对每一个分部分项工程都进行成本分析。特别是一些工程量小、成本费用微不足道的零星工程。但是，对于那些主要分部分项工程则必须进行成本分析，而且要做到从开工到竣工进行系统的成本分析。

2. 月（季）度成本分析

月（季）度成本分析，是施工项目定期的、经常性的中间成本分析。

月（季）度成本分析的依据是当月（季）的成本报表。

3. 年度成本分析

企业成本要求一年结算一次，不得将本年成本转入下一年度。而项目成本则以项目的寿命周期为结算期，要求从开工到竣工到保修期结束连续计算，最后结算出成本总量及其盈亏。

年度成本分析的依据是年度成本报表。

4. 竣工成本的综合分析

单位工程竣工成本分析，应包括以下三方面内容：

（1）竣工成本分析；

（2）主要资源节超对比分析；

（3）主要技术节约措施及经济效果分析。

第三节　装饰装修工程成本控制

一、工程成本控制的依据

工程项目费用控制就是在工程项目过程中，对影响费用的各种因素加强管理，并采取各种有效措施，将实际发生的各种消耗和支出严格控制在费用计划范围内，随时揭示并及时反馈，严格审查各项费用是否符合标准，计算实际费用和计划费用之间的差异并进行分析，进而采取多种措施控制费用。

工程成本控制的依据包括工程项目的成本计划、进度报告、工程变更、费用管理计划。

1. 工程项目的成本计划

费用控制的目的就是实现费用计划的目标，因此，费用计划是费用控制的基础。

2. 进度报告

进度报告提供了每一时刻工程实际完成量，工程费用实际支付情况等重要信息。工程费用控制工作正是通过实际情况与工程费用计划相比较，找出二者之间的差别，分析偏差产生的原因，从而采取措施改进以后的工作。此外，进度报告还有助于管理者及时发现工程实施中存在的隐患，并在事态还未造成重大损失之前采取有效措施，尽量避免损失。

3. 工程变更

在项目的实施过程中，由于各方面的原因，工程变更是很难避免的。工程变更一般包括设计变更、进度计划变更、施工条件变更、技术规范与标准变更、施工次序变更、工程数量变更等。一旦出现变更，工程量、工期、费用都必将发生变化，从而使得费用控制工作变得更加复杂和困难。因此，成本管理人员就应当通过对变更要求当中各类数据的计算、分析，随时掌握变更情况，包括已发生工程量、将要发生工程量、工期是否拖延、支付情况等重要信息，判断变更以及变更可能带来的索赔额度等。

二、工程项目成本控制的步骤

在确定了工程成本计划后，必须定期地进行工程成本计划值与实际值的比较，当实际值偏离计划值时，分析产生偏差的原因，采取适当的纠偏措施，以确保工程成本控制目标的实现。其步骤如图 9-1 所示。

1. 比较

按照某种确定的方式将工程成本计划值与实际值逐项进行比较，以发现工程成本是否已超支。

2. 分析

在比较的基础上，对比较的结果进行分析，以确定偏差的严重性及偏差产生的原因。其主要目的在于找出产生偏差的原因，从而采取有针对性的措施，减少或避免相同原因的再次发生或减少由此造成的损失。

图 9-1　工程成本控制的步骤

3. 预测

按照完成情况估计完成项目所需的总成本。

4. 纠偏

当工程项目的实际成本出现了偏差，应当根据工程的具体情况、偏差分析和预测的结果，采取适当的措施，以期达到使工程成本偏差尽可能小的目的。只有通过纠偏，才能最终达到有效控制工程成本的目的。

对偏差原因进行分析的目的是为了有针对性地采取纠偏措施，从而实现成本的动态控制和主动控制。纠偏首先要确定偏差的主要对象，偏差原因有些是无法避免和控制的，如客观原因，充其量只能对其中少数原因做到防患于未然，力求减少该原因所产生的经济损失。在确定了纠偏的主要对象后，就需要采取有针对性地纠偏措施。纠偏可采用组织措施、经济措施、技术措施和合同措施等。

5. 检查

它是指对工程的进展进行跟踪和检查，及时了解工程进展状况以及纠偏措施的执行情况和效果，为今后的工作积累经验。

三、工程项目成本控制思路

工程项目成本主要是由工程量和所完成对应各个工程量的消耗的单价决定的，因此，工程项目成本控制的基本方法是对完成的工程量的控制和对各个具体消耗的单价的控制，其基本方法是量价分离的方法。其中人工费、材料费和机械使用费的控制如图 9-2 所示。

图 9-2 量价分离方法

1. 人工费的控制

人工费的控制实行"量价分离"的方法，将作业用工及零星用工按定额工日的一定比例综合确定用工数量与单价，通过劳务合同进行控制。

2. 材料费的控制

材料费控制同样按照"量价分离"原则，控制材料用量和材料价格。

（1）材料用量的控制

在保证符合设计要求和质量标准的前提下，合理使用材料，通过定额管理、计量管理等手段有效控制材料物资的消耗，具体方法如下：

①定额控制。对于有消耗定额的材料，以消耗定额为依据，实行限额发料制度。在规定限额内分期分批领用，超过限额领用的材料，必须先查明原因，经过一定审批手续方可领料。

②指标控制。对于没有消耗定额的材料，则实行计划管理和按指标控制的方法。根据以往项目的实际耗用情况，结合具体施工项目的内容和要求，制定领用材料指标，据以控制发料。超过指标的材料，必须经过一定的审批手续方可领用。

③计量控制。准确做好材料物资的收发计量检查和投料计量检查。

④包干控制。在材料使用过程中，对部分小型及零星材料（如钢丝、钢钉等）根据工程量计算出所需材料量，将其折算成成本，由作业者包干控制。

（2）材料价格的控制

材料价格主要由材料采购部门控制。由于材料价格是由买价、运杂费、运输中的合理损耗等所组成。因此控制材料价格，主要是通过掌握市场信息，应用招标和询价等方式控制材料、设备的采购价格。

施工项目的材料物资，包括构成工程实体的主要材料和结构件，以及有助于工程实体形成的周转使用材料和低值易耗品。从价值角度看，材料物资的价值，约占建筑安装工程造价的 60%～70%以上，其重要程度自然是不言而喻。由于材料物资的供应渠道和管理方式各不相同，所以控制的内容和所采取的控制方法也将有所不同。

（3）施工机械使用费的控制

施工机械使用费主要由台班数量和台班单价两方面决定。合理选择施工机械设备，合理使用施工设备对成本控制具有十分重要的意义，尤其是高层建筑施工。据某些工程实例统计，高层建筑地面以上部分的总成本中，垂直运输机械成本约占 6%～10%。由于不同的起重运输机械各有不同的用途和特点，因此在选择起重运输机械时，首先应根据工程特点和施工条件确定采取何种不同起重运输机械的组合方式。在确定采用何种组合方式时，首先应满足施工需要，同时还要考虑到成本的高低和综合经济效益。

四、挣值法

挣值法（Earned Value Management，EVM）作为一项先进的项目管理技术，最初是美国国防部于 1967 年首次确立的。到目前为止国际上先进的工程公司已普遍采用挣值法进行工程项目成本、进度综合分析控制。和传统的管理方法相比，挣值法有三个优点：一是用货币量代替工程量来衡量工程的进度；二是用三个基本值（BCWS、ACWP、BCWP），而不是一个基本值来表示项目的实施状态，并以此来预测项目可能的完工时间和完工时可能的成本；三是使每一个工序在完成之前就可以分析其偏差，并且可对其发展趋势进行预测，为项目管理人员在后续工作中采取正确的措施提供依据。

用挣值法进行成本、进度综合分析控制，基本参数有三项，即已完工作预算成本、计划工作预算成本和已完工作实际成本。

1. 挣值法的三个基本参数

（1）已完工作预算成本

已完工作预算成本为 BCWP（Budgeted Cost for Work Performed），是指在某一时间已经完成的工作（或部分工作），以批准认可的预算为标准所需要的资金总额，由于业主正是根据这个值为承包人完成的工作量支付相应的费用，也就是承包人获得（挣得）的金额，故称挣值。

已完工作预算成本(BCWP)＝已完成工作量×预算(计划)单价

（2）计划工作预算成本

计划工作预算成本，简称 BCWS(Budgeted Cost for Work Scheduled)，即根据进度计划，在某一时刻应当完成的工作(或部分工作)，以预算为标准所需要的资金总额，一般来说，除非合同有变更，BCWS 在工程实施过程中应保持不变。

计划工作预算成本(BCWS)＝计划工作量×预算(计划)单价

（3）已完工作实际成本

已完工作实际成本，简称 ACWP(Actual Cost for Work Performed)，即到某一时刻为止，已完成的工作(或部分工作)所实际花费的总金额。

已完工作实际成本(ACWP)＝已完成工作量×实际单价

2. 挣得值的四个评价指标

在这三个基本参数的基础上，可以确定挣得值法的四个评价指标，它们也都是时间的函数。

（1）成本偏差 CV(Cost Variance)

成本偏差(CV)＝已完工作预算成本(BCWP)－已完工作实际成本(ACWP)

当成本偏差 CV 为负值时，即表示项目运行超出预算成本；当成本偏差 CV 为正值时，表示项目运行节支，实际成本没有超出预算成本。

（2）进度偏差 SV(Schedule Variance)

进度偏差(SV)＝已完工作预算成本(BCWP)－计划工作预算成本(BCWS)

当进度偏差 SV 为负值时，表示进度延误，即实际进度落后于计划进度；当进度偏差 SV 为正值时，表示进度提前，即实际进度快于计划进度。

（3）成本绩效指数(CPI)

成本绩效指数(CPI)＝已完工作预算成本(BCWP)/已完工作实际成本(ACWP)

当成本绩效指数(CPI)<1 时，表示超支，即实际成本高于预算成本；

当成本绩效指数(CPI)>1 时，表示节支，即实际成本低于预算成本。

（4）进度绩效指数(SPI)

进度绩效指数(SPI)＝已完工作预算成本(BCWP)/计划工作预算成本(BCWS)

当进度绩效指数(SPI)<1 时，表示延误，即实际进度比计划进度落后；

当进度绩效指数(SPI)>1 时，表示提前，即实际进度比计划进度快。

成本(进度)偏差反映的是绝对偏差，结果很直观，有助于成本管理人员了解项目成本出现偏差的绝对数额，并依此采取一定的措施，制定或调整成本支出计划和资金筹措计划。成本(进度)绩效指数反映的是相对偏差。

在项目的成本、进度综合控制中引入挣得值法，可以克服过去进度、成本分开控制的缺点，即当我们发现成本超支时，很难立即知道是由于成本超出预算，还是由于进度提前。相反，当我们发现成本低于预算时，也很难立即知道是由于成本节省，还是由于进度拖延。而引入挣得值法即可定量地判断进度、成本的执行效果。

第十章　装饰装修工程概预算电算化

随着时代的发展，社会的进步以及计算机的普及，概预算的各项步骤也进入到电算阶段。电算把繁复的计算明朗化，不仅一目了然，而且快速准确，同时概预算人员也从大量重复的计算工作中解放出来。

本章内容以目前比较成熟的广联达软件为例，介绍工程造价软件的应用，并重点介绍广联达造价软件中工程量清单的编制和工程量清单计价的标底（或控制价）编制。

第一节　电　算　概　述

用计算机相关软件程序对各种装饰装修工程进行概预算称为装饰装修工程概预算的电算化。

根据《计价规范》、《计算规范》，工程量清单的编制由招标方来完成，工程量清单计价由投标方来完成。工程量清单与工程量清单计价，二者之间既有联系又有区别，二者的关系如图 10-1 所示。

招标人进行工程量清单的编制，并为投标人进行工程量清单计价提供固定的格式，供投标人进行投标报价时使用，表现形式为分部分项工程量清单与计价表，但此时的计价表中只填写项目编码、项目名称、项目特征、工程量及其计量单位，综合单价及暂估价等栏是空白的。投标人进行工程量清单计价时，需依据工程量清单所列项目进行组价，将组合后的综合单价、其中人工费及此项是否暂估这些内容填写在分部分项工程量清单与计价表中。

招标方使用工程计价软件的流程图如图 10-2 所示，投标方使用工程计价软件的流程图如图 10-3 所示。

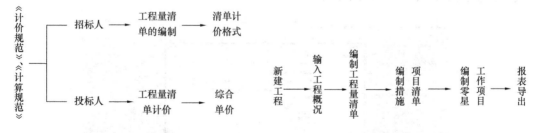

图 10-1　工程量清单与工程量清单计价的关系　　　图 10-2　招标方使用工程计价软件流程图

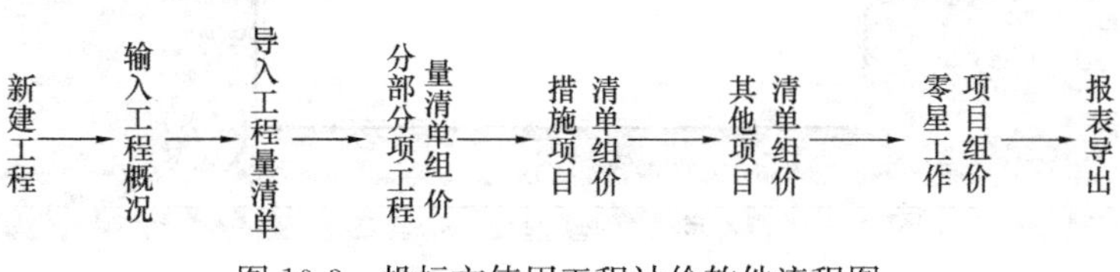

图 10-3　投标方使用工程计价软件流程图

第二节 电 算 过 程

由于建筑装饰装修工程概预算软件开发较晚，并且是基于其他大型软件系统基础上的实用程序，所以种类繁多，开发程序也不尽相同，但概预算计算流程基本相似，只是在某些过程中不同程度的减轻了操作人员的繁琐程度，而且方便、准确、快捷。

一、程序启动

本节内容主要以广联达计价软件 GBQ4.0 为例，介绍工程量清单的编制工程及工程量清单计价的具体操作过程。

1. 首先鼠标左键双击桌面上广联达计价软件 GBQ4.0 的图标，进入启动界面，如图 10-4 所示。

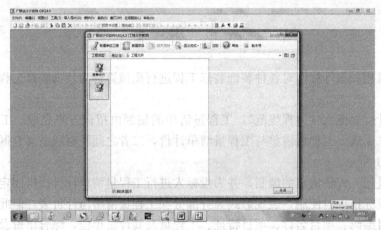

图 10-4 广联达计价软件启动界面

2. 新建工程

首先选择计价类型为"清单计价"，即鼠标左键单击"工程类型"中的"清单计价"，再选择"新建单位工程"或是"新建项目"。这里以新建单位工程为例，采用清单计价模式，新建后出现如图 10-5 所示界面。

图 10-5 新建单位工程

在这个界面上，需要清单编制人员选择清单库、清单专业、定额库、定额专业，并准确填写工程名称及工程概况。工程概况的填写只需单击需要填写的空格，在空格左边会显示倒置的三角形，单击小三角可以选择需填写的内容。填写完成后点击右下方的"确定"，出现如图10-6所示界面。

图10-6　新建单位工程完成

3. 新建项目完成后，就进入到工程量清单编制的阶段。

二、招标方工程量清单的编制

（一）分部分项工程量清单的编制

（1）清单编号的输入

①直接录入

如果用户熟悉要录入的清单项目的编号或者已经有书面文件作为参考，则可以直接在软件中"编码"一列中直接输入清单编号，如直接输入010101001001，鼠标单击别处，此编码对应的清单下面即被录入。

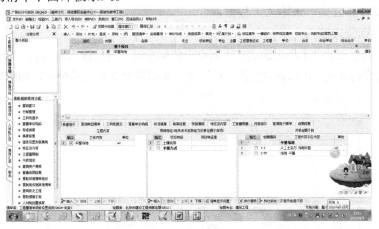

图10-7　直接录入清单编号

每一条清单项编码都一一录入会很麻烦，为此广联达提供了一种快速的输入方式，直接根据章节清单编号输入，如：010101001001，可以直接输入1-1-1，即可输入"平整场地"清单项。

②查询录入

当用户不知道或是不熟悉清单项或清单编码时，可以使用"查询输入"。通过查询来确定自己需要的清单项及其对应的编码。操作方法是：鼠标左键单击"查询"右面的倒三角，或直接左键单击"查询"，在"清单指引"或"清单"项下选择自己需要的清单项，鼠标左键双击选中的清单项，即可将清单项插入分部分项表中，如图10-8所示。

图 10-8 查询录入清单编号

（2）清单工程量输入

输入或者选择好清单项后，就要输入清单的工程量，工程量的输入有2种方式：直接输入、编辑计算公式。

①直接输入

如果已经输入的清单项目的工程量已经计算出来，则在"工程量"或者"工程量表达式"列中直接输入清单项的工程量即可。如在010101001平整场地清单项后输入工程量124.35。如果某些工程量没有计算出来，或者有多个相同清单项的工程量需要合并，则可以采用"编辑计算公式"来输入工程量。

②编辑计算公式输入

在已输入清单项的"工程量表达式"列点击鼠标左键，直接输入表达式。如果还要清楚地明白输入表达式的含义，可以通过点击"…"按钮来编辑复杂的计算公式，如图10-9所示。

图 10-9 清单工程量输入

（3）编辑项目特征

编辑项目特征的目的：一是方便投标人投标报价时能够报出一个合理的综合单价，同时也避免了因为项目特征描述不清楚导致招标方和投标方对项目的理解发生歧义，尽量避免结算过程中的经济纠纷。因此，项目特征描述显得尤为重要。

项目特征的描述有两种方式，一种是在清单名称后直接进行描述，另一种是通过项目特征。根据规范中给定的特征项目，一一进行特征描述。

广联达计价软件为用户提供了方便的项目特征录入方法。鼠标单击"特征及内容"项，在屏幕的下方即出现与此清单项相关的主要项目特征，用户只需要鼠标单击"特征值"下的倒三角即可选择填入与工程相符的项目特征，如图 10-10 所示。

图 10-10　编辑项目特征

如果编辑的项目特征需要输出，则在"输出"下的方框中打钩。然后单击下方的"保存项目特征描述"和右边的"应用规则到所选清单项"即可将项目特征添加到报表中，如图 10-11 所示。

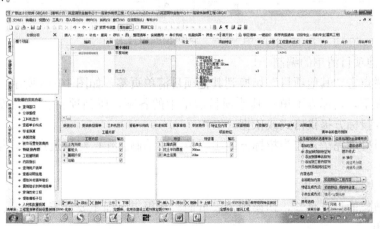

图 10-11　编辑项目特征显示状态

这样，分部分项工程量清单表中的一条清单项就编好了。其他项只需继续添加即可。

（二）措施项目清单编制

在导航栏点击"措施项目"切换到措施项目清单页签。

广联达计价软件将措施项目分为三类：

（1）通用措施项目。主要包括安全文明施工费、夜间施工费、二次搬运费、冬雨季施工、大型机械设备进出场安拆费、施工降水、施工排水、临时保护设施和已完工程及设备保护。

（2）建筑工程自用措施项目。主要包括混凝土、钢筋混凝土模板及支架、脚手架、垂直运输机械。

（3）可计量措施。主要包括工程水电费等。

用户编制措施项目清单时，可根据自己工程的实际情况和需要，随意添加或删除措施项目。

删除项目时，鼠标左键单击选择需要删除的措施项目，右键选择"删除"或者直接按键盘上的"delete"删除键，弹出确认删除的提示框，点击"是"即可将选择的措施项目删除。

增加措施项目，采用插入空行，然后输入措施项目名称方式来完成。如图 10-12 所示。

图 10-12　编辑措施项目

（三）其他项目清单的编制

在导航栏点击"其他项目"切换到其他项目清单页签，如图 10-13 所示。

一般情况下，招标方不填写其他项目清单中的各项，所列项目主要为投标方报价方便，或说是为投标方提供格式或依据。

其他项目处理完毕，作为招标方的工程量清单编制工作已经接近尾声，接下来就是预览、打印报表。

（四）报表打印与输出

点击导航栏的报表页签，切换到报表页面。在报表页面主要预览报表，没有问题就可以输出、打印。

（1）报表输出

鼠标左键单击"批量导出到 Excel"，则出现如图 10-14 所示界面。

在需要输出的表格后面的方框里面打钩，选择完后单击"确定"，出现如图 10-15 所示界面。

图 10-13　编辑其他项目

图 10-14　选择需要输出的报表

图 10-15　选择保存表格的位置

选择文件要存放的位置，单击"确定"即可。

（2）报表打印

鼠标左键单击"批量打印"，则出现图 10-16 所示界面。

图 10-16　批量打印报表

在需要打印的表格后面的方框里面打钩，选择完后单击"打印选中表"，出现如图
10-17 所示界面。

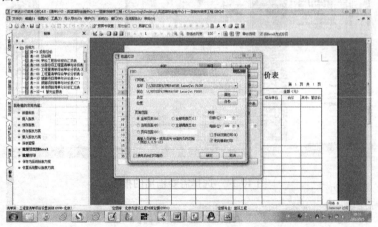

图 10-17　完成报表打印工作

设置好后点击"确定"即可打印出来了。

三、投标方工程量清单计价的编制

投标方进行工程量清单投标报价时，要根据招标人提供的工程量清单进行投标报价。
并且要保证投标报价时的项目编码、项目名称、计量单位、工程量与招标人提供的完全一
致，不得有一点差别，稍有差别的话，就有可能废标。

投标方投标报价时很重要的工作就是对分部分项工程量清单、措施项目清单、其他项
目清单进行组价报价，此外还要进行人材机的询价工作，最终形成报价文件。

（一）分部分项工程量清单报价

分部分项工程量清单的录入，同招标方编制工程量清单一致。

（1）子目输入

使用消耗量定额对工程量清单进行组价的方式有：根据项目特征描述和工程内容对应的定额子目直接输入定额子目组价；查询定额库或清单指引输入定额组价（比较简单）；快速组价；补充子目。

①根据项目特征描述和工程内容对应的定额子目直接输入定额子目组价

适用于清单项目特征和工程内容描述较少，而又清楚定额子目的情况。

具体操作方法一：选择要组价的清单项，点击鼠标右键，选择插入子目，输入定额子目，给定子目工程量即可，如图10-18所示。

图10-18　直接插入子目

具体操作方法二：左键单击选定需要插入子目的清单项，然后鼠标左键单击"内容指引"，则在下面会出现与此项清单的工程内容有关的工程定额子目，用户只需鼠标左键双击需要的定额子目，即可将其添加到相应的清单项中，如图10-19所示。

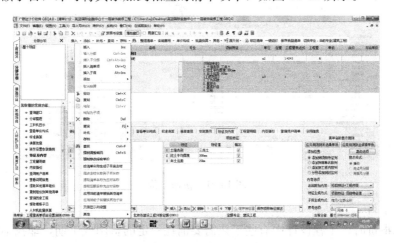

图10-19　利用内容索引插入子目

②查询定额库或清单指引输入定额组价

适用于对定额子目不熟悉，或是清单特征或工程内容描述复杂，不容易简单组价的情况。这种方法尤其适用于初学概预算的人员，简单易懂。

具体操作方法是：选定要插入定额子目的清单项，鼠标左键单击"查询"，在其中选择"清单指引"或"定额"，从中找到与清单项对应的子目，鼠标左键双击即可，如图10-20所示。

图 10-20   参考清单索引组价

③快速组价

这是广联达计价软件 GBQ4.0 的一个新的功能，目的在于提高概预算工作人员的效率。

具体操作方法是：选定要组价的清单项，然后鼠标左键单击快速组价，屏幕下方即会出现与此清单项的工程内容和项目特征对应的定额子目，双击输入即可，如图10-21所示。

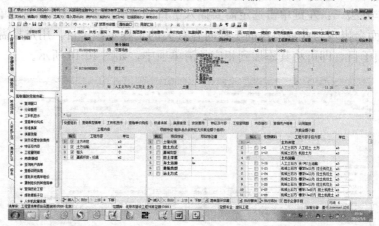

图 10-21   快速组价

④补充子目

在投标报价时，工程设计中有些工艺需要消耗一定的费用或工期，却找不到相应的定额子目套用，这时就需要做一些补充子目来进行报价。

具体操作方法是：鼠标右键单击清单项，在跳出的菜单中选择"插入子目"或"添加子目"，在插入或添加的空白栏中输入编号。如补充建筑工程的相关定额子目，则输入编号"BA001"，将会跳出如图10-22所示对话框。

在"专业章节"栏中选择"建筑工程"，然后把补充子目的名称、单位、单价、单价组成分别填写在相应的栏中，选择好是否"显示人材机组成"后，单击确定即可，如图

10-23 所示。

图 10-22 新建补充子目

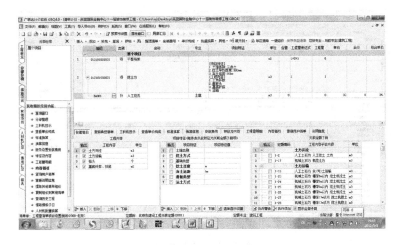

图 10-23 编辑新建补充子目

（2）子目换算

组价时输入子目，往往需要对子目进行多种换算。软件可执行的换算类型为标准换算和批量换算。

①标准换算

标准换算中通常包括混凝土强度等级换算、砌筑砂浆强度等级换算、抹灰砂浆强度等级换算，如砂浆强度等级换算如图 10-24 所示。

②批量换算

批量换算中包括人材机批量换算和批量系数换算，如图 10-25 所示。

批量系数换算比较简单，主要用在当多个子目项的人工（或材料、机械、设备、主材、单价等）需要同时乘以统一个系数时使用，如图 10-26 所示。

人材机批量换算一般用得较少，非批量性的人材机数量的换算一般在工料机显示中直接修改即可；而非批量性的人材机单价的换算一般在人材机汇总表中一次性批量修改。

（3）单价构成

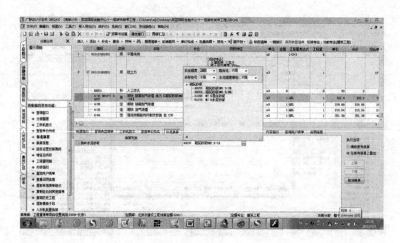

图 10-24　标准换算

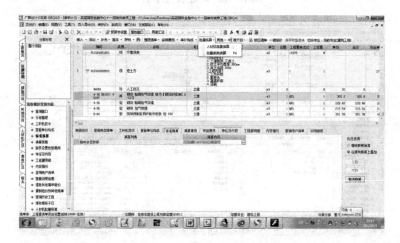

图 10-25　批量换算

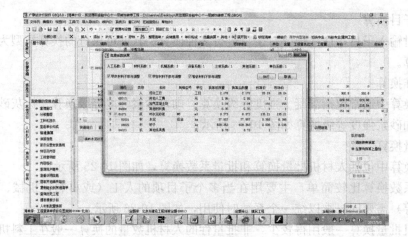

图 10-26　批量系数换算

清单组价输入子目完成后，清单项的综合单价和综合合价就显示在相应的报表中了，报出的综合单价中除人材机外还包括临时设施费、现场经费、企业管理费、利润和风险。因为不同专业的综合单价中的临时设施费、现场经费和企业管理费的取费费率不同，不同工程的利润和风险的取费费率也不同，所以需要对单价组成进行修改。

鼠标组建单击工具栏中的"单价构成"，软件显示界面如图 10-27 所示。

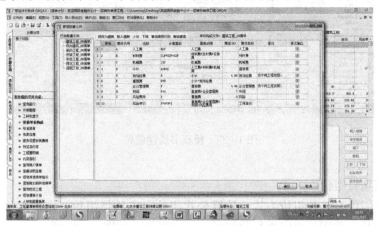

图 10-27　单价构成设置

鼠标左键双击需要修改的费率，即可查询工程施工期的费率值，双击此费率值即可将其填入相应的位置，单击确定即可，如图 10-28 所示。

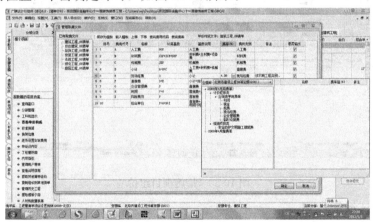

图 10-28　计价费率查询

（4）预算书属性设置

如果需要对当前的预算书进行一些设置，可以在"预算书设置"中实现。包括预算书的计算设置、显示设置、工程信息设置等，如图 10-29 所示。

（二）措施项目清单报价

措施项目清单报价包括措施项目的更改和措施项目的组价。

（1）措施项目的更改

根据工程量清单计价相关规定，投标方在进行投标报价时，可以删减或补充措施项目。删减和添加措施项目的操作方法与工程量清单编制中的方法一样，具体参照前面章节

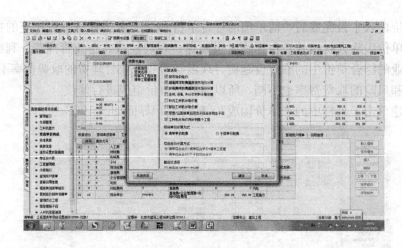

图 10-29　预算书属性设置

所述内容。

（2）措施项目组价

措施项目组价有五种组价方式：计算公式组价、实物量组价、定额组价、清单组价、子措施组价。其中常用的有定额组价和计算公式组价，如图 10-30 所示。

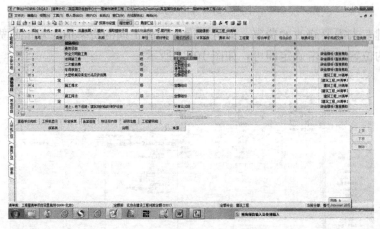

图 10-30　措施项目组价

①计算公式组价

采用计算公式组价的措施项目，可以直接输入费用金额或采用费用代码系数的方式得到措施费的金额。环境保护费、安全文明施工费、二次搬运费和冬雨季施工费的计算通常采用这种计价方法。

②定额组价

采用定额组价的措施项目，可以通过直接输入定额子目的方法计算得到汇总的金额。大型设备进出场的安拆费、施工排水、施工降水、混凝土、钢筋混凝土模板及支架、脚手架等费用的计算通常采用这种计价方法。

（三）其他项目清单组价

其他项目清单组价处理相对比较简单。投标人在投标报价时，只需要分析招标方提供的资料和格式项目如实填报。

（四）人材机处理

定额中大部分工程子目单价是可以直接套用的，但在实际套用过程中，定额中的人材机的价格往往和市场价有很大的差距。如人工工日单价一般都比定额规定的要高，又如施工机械的租赁费也因经济发展和通货膨胀等原因而比定额价高出很多。

人材机单价的处理，主要是将人材机在定额中的单价与其市场价进行对比，不一致时，就要在人材机汇总表中将其单价改为与市场价一致。

（五）费用汇总

由于我国的清单计价中的综合单价采取的是部分综合单价（或不完全单价），其中不包括规费和税金。

规费和税金的组价采用的是计算公式计价的方法，与措施项目中的某些费用的计算方法相同，只需输入计算基数的费用代码系数的方式得到规费和税金的金额，如图 10-31 所示。

图 10-31　规费和税金的计取

（六）报表预览、打印和输出

与招标方的报表预览、导出和打印方法相同。

第三节　软件系统辅助施工过程的成本控制

利用软件系统辅助成本控制主要是在工程实施的过程中进行工程预付款及进度款、工程变更、暂估价材料等的审核及工程竣工时工程结算资料的编制等。现阶段主要存在以下几种常见的方式：

（1）办公自动化软件，例如 Microsoft Office、OA 等；

（2）项目管理信息系统的一个成本管理模块；

（3）企业管理信息系统的一个财务管理模块的一部分；

（4）由招投标标书编制软件、审核软件及结算软件等几个阶段性软件组合而成的成本控制体系。

本节内容主要以广联达审核软件 GSH4.0 和广联达结算管理软件 GES3.0 组合为例，介绍建筑装饰装修工程在工程实施过程中的成本控制的具体操作过程。

一、工程变更价款审核

1. 首先鼠标左键双击桌面上广联达审核软件 GSH4.0 的图标，进入启动界面，如图 10-32 所示。

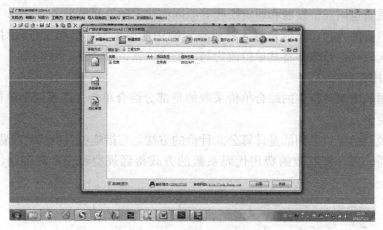

图 10-32　广联达审核软件 GSH4.0 启动

2. 新建审核工程

首先选择新建单位工程，选择审核方式为新建审核，则出现图 10-33 所示界面。

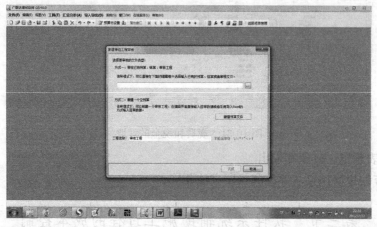

图 10-33　新建审核工程

3. 新建单位工程审核文件时，软件设计了两种新建的方法：新建一个空预算和审核已有的预算、结算及审核工程。由于我们编制新预算一般用广联达的计价软件，且计价软件生成的文件可以直接导入审核软件当中，所以在此我们一般选择方式，即审核已有的预算、结算。

具体的操作方法是：鼠标左键单击右侧的"…"，找到需要审核的预算书，鼠标左键单击选定，然后左键单击打开按钮，导入需要审核的预算书，如图 10-34 所示。

然后鼠标左键单击新建单位工程审核窗口中的"完成"按钮即可，进入如图 10-35 所示界面。

4. 在此处，审核人员可以审核送审的预算书的定额（或清单）组价是否合理，工料机的含量是否与定额的含量一致，单价构成是否与工程实际相符，人材机的价格是否与当

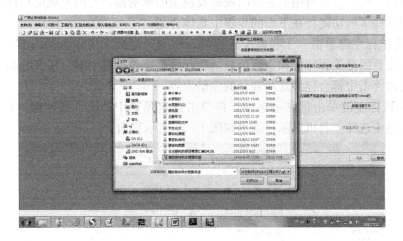

图 10-34　查找目标预算书

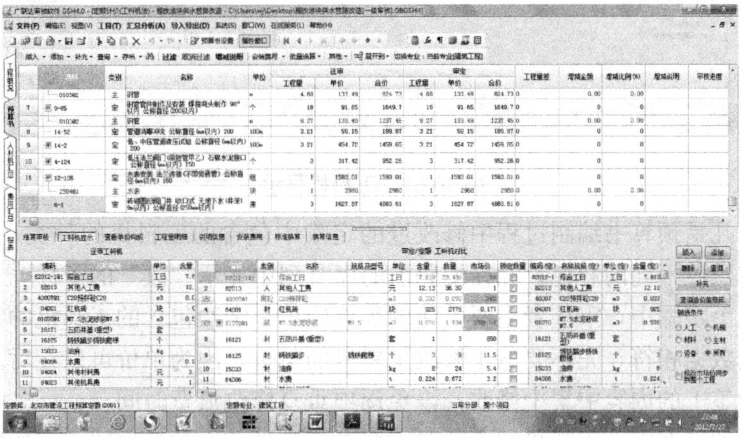

图 10-35　起始界面

图 10-36　工程概况

期的造价信息一致，以及费用汇总时的规费及税金的取费是否与国家规定相符等。对于以上介绍到的这些审核功能将在下面的步骤中具体介绍。

5. 首先鼠标左键单击"工程概况"标签，看到工程概况中包含的内容，如图 10-36 所示。一般注意的是工程特征和指标信息两项，这是审核预算书时会用到的基本知识，一般在完整的预算书中都会包含这两部分的完整内容。

6. 然后鼠标左键单击预算书标签，再单击选定预算中的第一条定额（或清单）项，在下方的标签中选择工料机显示，则出现图 10-37 所示界面。

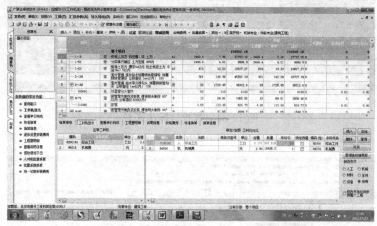

图 10-37　工料机显示

在这里，凡是预算书编制过程中修改过的定额中包含的工料机的种类、含量及价格，都会呈现出与黑色不同的彩色，并在编码前的序号列中显示"改"的字样。

注意在这个步骤中，审核者主要关注的焦点应该是定额包含的工料机的种类及含量是否与定额原始数据相符，先不要急于修改工料机的单价，因为单价可以在后面的步骤"人材机汇总"标签下的内容中集中修改，以免逐项重复修改浪费时间。

还应注意的是在审核工料机的含量时，要参考定额前面的总说明及定额所在章节前面的章节说明，注意其中涉及特殊情况下的系数修正。

7. 鼠标左键单击下面的"查看单价构成"标签（注：定额组价的预算书在此处不需要查看此项，相关内容在"费用汇总"中修改）。在此项中主要审查单价组成中的临时设施费、企业管理费、利润及风险的取费基数及取费费率是否符合工程概况中对该工程的描述。

8. 后面涉及的工程量明细、换算信息等标签下的审核与前述步骤相似，不再赘述。

9. 上述预算书的定额（或清单）初步审核完成后，鼠标左键单击切换到"人材机汇总"页面，如图 10-38 所示。

在左侧的标签栏上部，可以看到现实状态的多项选择，我们一般选择人工、材料、机械设备等分别显示。下面我们以材料表为例，来具体介绍材料单价的审核过程，如图 10-39所示。

在材料单价的显示窗口中，显示有底纹的条目是审核人员重点关注的部分，因为底纹说明这些条目被预算书的编制人员更改过，审核人员要重点审核这些被改后的材料单价是否合理。

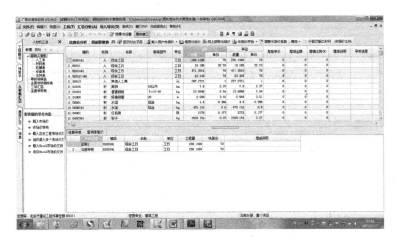

图 10-38 人材机汇总

图 10-39 信息价查询

材料的单价是否合理有一个终极标准：此价格与工程现场施工过程中使用的材料的价格一致。但在实际审核过程中，审核单位的造价人员一般都没有时间亲自去现场查看材料的使用情况，不可能跟踪材料采购和使用的全过程，所以审核人员一般采用的标准有两个：工程所在地的工程建设期的工程造价信息和市场询价的结果。

（1）工程造价信息

用鼠标左键单击下方的"查询信息价"标签即可找到信息价。此处应该注意的是，查询信息价的时候一定要选择与工程施工时间相一致的信息价，但不一定是审核当期的信息价。

（2）市场询价

此项功能在广联达审核软件中还未实现，具体操作可以借助互联网及其他的信息通讯设备实现。

10. 人材机的单价改完后，鼠标左键单击切换到"费用汇总"界面，如图 10-40所示。

在此界面中，定额组价的预算书与清单组价的预算书需要审核的内容不同。

（1）清单组价的预算书

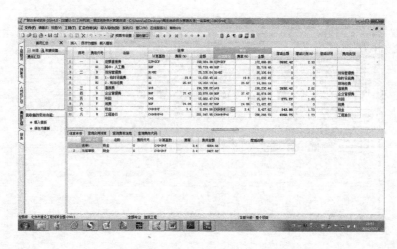

图 10-40　费用汇总

只需审核规费及税金的计算基数及费率。

（2）定额组价的预算书

需审核现场管理费、企业管理费、利润、规费及税金的计算基数及费率。

计算基数及费率的更改办法及具体操作与本章第二节中介绍的广联达计价软件的操作方法完全一致，不再重复介绍。

11. 完成审核后的最后一步就是导出及打印报表，此过程的操作也与本章第二节中介绍的广联达计价软件的操作方法完全一致，不再重复介绍。

对于工程施工过程中的工程变更涉及价款的审核，采用上述方法即可，而有关暂估价材料、材料异常涨价等的审核及工程施工过程中成本控制的全过程还要依赖广联达结算管理软件 GES3.0 的管理。

二、以审核软件为基础的全过程成本控制

广联达结算管理软件 GES3.0 主要在工程施工过程中成本资料收集核对困难、大量数据汇总关系繁杂、结算书编制打印耗时费力三大难题提供了解决的途径和方法，使成本管理及结算轻松快捷。

1. 新建结算书

①鼠标左键双击广联达结算管理软件 GES3.0 的快捷方式，开始运行软件，如图 10-41 所示。

②鼠标左键单击菜单栏"新建"，弹出"新建结算工程"窗口，如图 10-42 所示。

在此处我们可以有两个选择，第一次新建时选择"新建一个空工程"。注意这里说的新建"工程"指的是新建一个总包工程，以总承包合同为基础，然后输入工程名称并选择保存路径，再点击"下一步"，进行工程设置，如图 10-43 所示。

③工程设置中主要涉及编制人、默认专业及任务模式的设置。

此处的"编制人"为软件默认的整个新建工程所有资料的编制人，所以此处填写"结算管理"为编制人。

默认专业为总承包，这个在前面新建的第一步已经介绍了。

任务模式设置有两个选择：发生时计价和结算时计价。在实际管理工作中很多变更洽商或其他金额大部分都是在工程结算时汇总计算的，但是在利用结算软件编制结算书的过

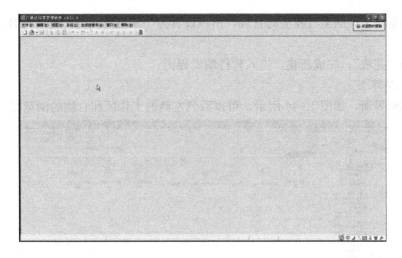

图 10-41　启动运行程序

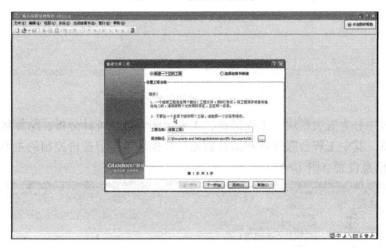

图 10-42　新建结算书

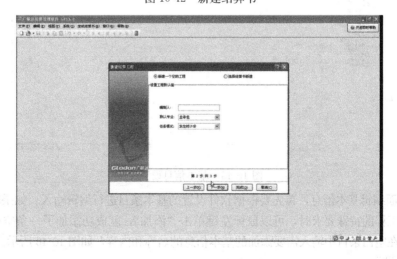

图 10-43　设置工程默认值

程中，因为是对文件的全过程实时管理，所以设置为"发生时计价"也更符合工程现场的实际情况。

④单击"完成"，完成新建，进入软件编辑界面。

2. 编辑结算书

进入编辑界面，如图 10-44 所示，可以看到左侧的工作区和右侧的浏览区。

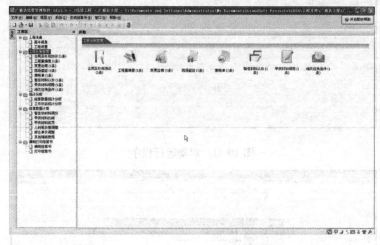

图 10-44　编辑结算书

在工作区中分为五大模块：工程信息、工程台账管理、统计分析、结算数据计算、编制打印结算书。其中工程台账管理和结算数据计算模块是进行造价控制的主要应用部分。

① 基本信息设置（图 10-45）

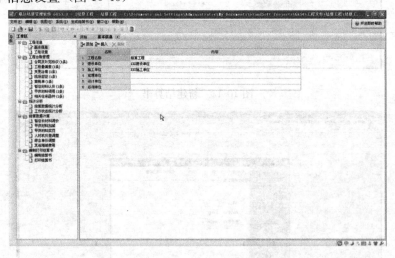

图 10-45　基本信息设置

在此界面编辑基本信息，首先要根据软件设置的基本条目进行编辑输入。如果软件默认设置不能满足工程的特殊要求时，可以鼠标左键单击"添加"，就成功添加了一条空白的基本信息项，然后在空白条目中输入需要添加的基本信息的名称和内容，如图 10-46 所示。

②工程设置

工程设置包含默认值设置、统一设置公式及统一设置字典。

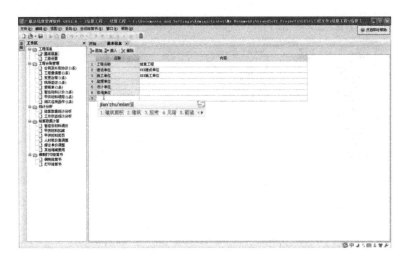

图 10-46　添加基本信息

默认值设置中的内容如图 10-47 所示。其中的最上面的部分与新建结算书时一致，不必再重复设置。编号格式设置主要是设置各类工程台账的编号规则，是工程设置的重点内容，一般采用软件默认的设置，也可以依据编制人的习惯自己修改。统一取费设置是针对过程中发生的上述工程台账的内容发生费用变化时采取的统一取费模式，如有不同的取费模式的需要单独设置。

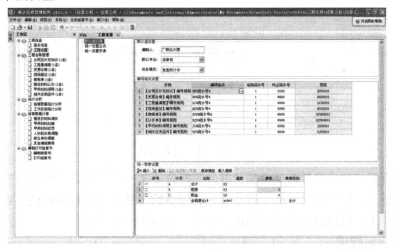

图 10-47　工程默认值设置

统一类别字典包括专业类别字典、合同类别字典、变更类别字典和偏差类别字典，如图 10-48 所示。

专业类别字典的设置，主要是为后期的工程台账的设置做准备工作，使工程台账的设置种类更全面。

此处系统默认的合同、变更及偏差的类别字典一般比较全面，只有专业类别字典缺少园林工程及房屋修缮工程两部分，工程有需要时可以手动自由添加。

统一设置公式主要是对人材机价差公式及甲供材料奖罚公式进行设置，如图 10-49 所示。

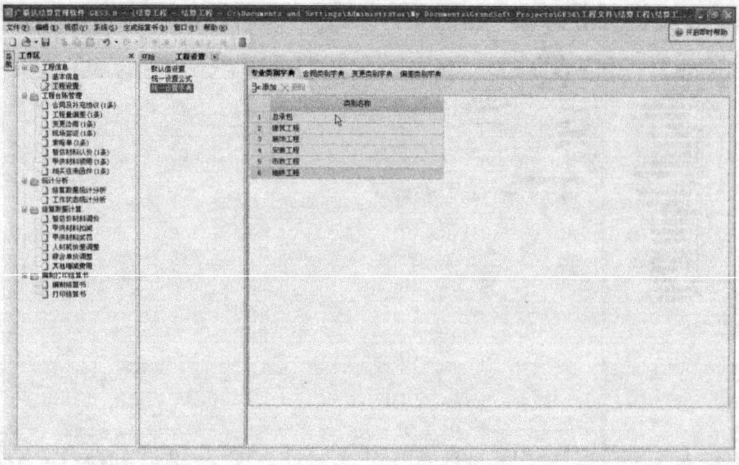

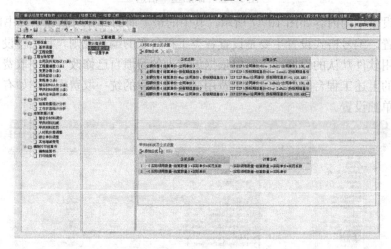

图 10-48　统一设置字典

图 10-49　统一设置公式

人材机价差公式中软件默认全额价差和超额价差共 6 个公式，甲供材料奖罚公式中软件默认 2 个公式，这些都是一般工程总承包合同中约定的人材机价差调整的条款，如果编制人有特殊要求，可以自己手动添加所需公式，如图 10-50 所示。

3. 工程台账管理

鼠标左键单击"工程台账管理"，切换到台账管理窗口。软件默认的工程台账的分类与传统的使用 EXCEL 进行工程项目管理的台账分类基本相同，分为合同及补充协议、工程量偏差、变更洽商、现场签证、索赔单、暂估价材料认价、甲供材料领用及相关往来函件，如图 10-51 所示。

如果这些分类不能满足工程要求，可增加自定义台账。具体操作是鼠标右键单击"工程台账管理"，在标签中选择新建自定义变更类台账或是新建自定义函件类台账。对于现阶段的成本控制过程中一般还涉及到的工程台账有进度款拨付和会议纪要，可以自定义添加。

①合同及补充协议

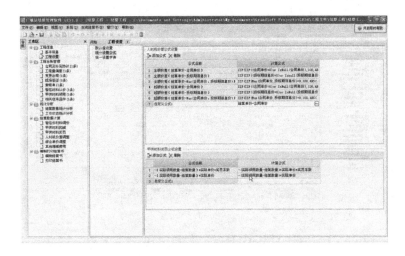

图 10-50　添加所需公式

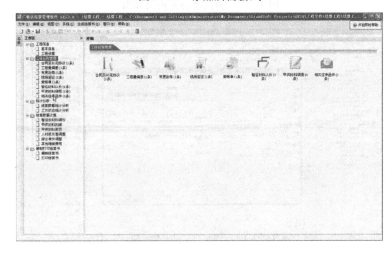

图 10-51　工程台账管理界面

在浏览区鼠标左键单击"合同及补充协议"，即进入合同及补充协议窗口，如图 10-52 所示。

区域划分为上部的主台账编辑区、下部的金额明细区及右侧的附件区。

首先在主台账编辑区添加合同或补充协议，如图 10-53 所示。鼠标左键单击添加按钮，出现如下图所示区域，则可以在相应位置进行合同的相关信息的编辑，编辑完成后点击确定即可。

②工程量偏差

在浏览区鼠标左键单击"工程量偏差"，即可进入其界面，如图 10-54 所示。

注意：此处的工程量偏差是指两类：一类是由于招标文件与合同清单的工程量不同产生的偏差；另一类是由于不同版本图纸造成的工程量的偏差。不包含工程变更洽商引起的工程量的偏差。

首先在偏差发生时，需要新添加一条偏差项，并为其命名。然后对于偏差的状态一般情况下不做修改，因为软件默认了不同情况下对应的响应状态。例如在偏差金额为零时状态为

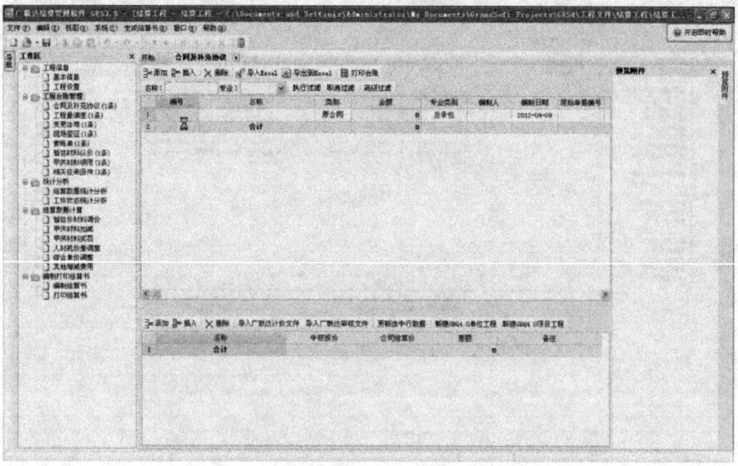

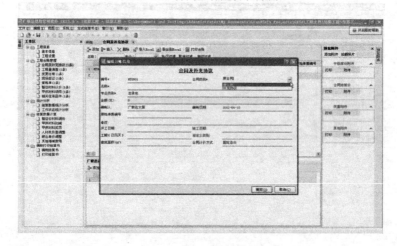

图 10-52　合同及补充协议界面

图 10-53　添加合同及补充协议

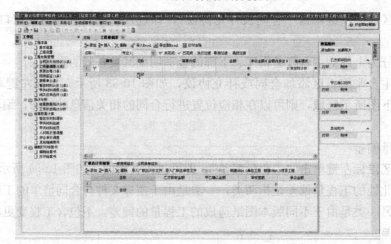

图 10-54　工程量偏差界面

"未送审"，有偏差金额的数值时状态为"审批中"，有甲乙双方确认的金额时状态为"审批通过"。

③变更洽商

在浏览区鼠标左键单击"变更洽商"，即可进入其界面，如图10-55所示。

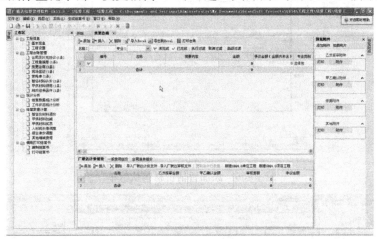

图10-55　变更洽商界面

注意：此处的所谓变更洽商实际上包含三个方面的内容，设计变更、工程洽商及图纸会审过程中产生的不同。对于变更洽商的添加及以下的索赔单等所有的工程台账的添加和编辑与上述几项工程台账的添加和编辑方法均相同，不再重复描述。

需要说明的是，在工程台账管理右侧的附件浏览区，附件的添加可以有两种方法：一种是点击"添加附件"，在存储工具中找到需要添加的附件电子版添加即可；另一种是附件只有纸质版而没有电子版的情况下，可以采用扫描仪、相机或高拍仪等数字文件输入工具，将纸质文件的电子版快速生成，然后再添加到相应的附件当中。

④暂估价材料认价

需鼠标左键单击添加一张暂估价材料认价单，并对认价单进行编辑，编辑完成后单击"确定"即可，如图10-56所示。

在认价明细区，鼠标左键单击"查询暂估价"，可以导入和查询合同及补充协议中的暂估价材料表中的暂估价材料，双击需要认价的暂估价材料，然后单击"查询"，即可输入软件的认价表中，如图10-57所示。

注意：暂估价材料的认价金额，无论是参考当期的在家信息还是市场询价，都需要对其进行手动输入，无法在软件中查询确定。

4. 统计分析

统计分析部分包含结算数据统计分析和工作状态统计分析两个部分，主要解决工程造价工程师月报、季报、年报中对成本、结算金额、进度款拨付、偏差分析中数据汇总及工作状态汇总统计并生成报表的问题，如图10-58所示。

①结算数据统计分析

先选择需要统计数据的统计方式及统计专业，然后鼠标左键单击"执行统计"，软件即可统计出某一时间点或某一时间段的成本产值统计数据，如图10-59所示。

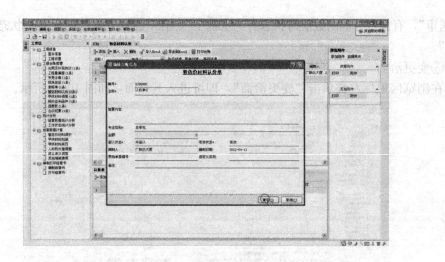

图 10-56　添加暂估价材料认价单

图 10-57　查询暂估价材料表

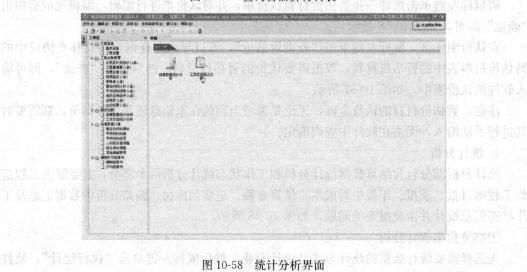

图 10-58　统计分析界面

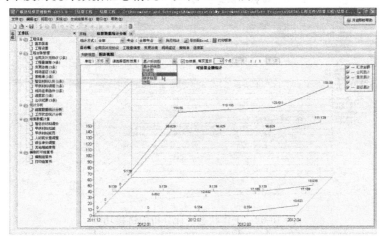

图 10-59　结算数据统计分析

除了软件默认的列表视图，操作人员还可以选择图表视图，通过不同形式的图表视图可以显示不同维度的统计数据汇总情况，如图 10-60 所示。

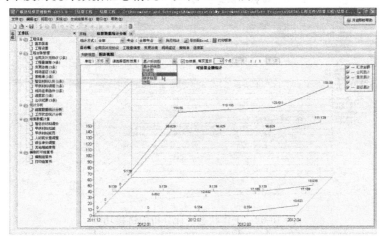

图 10-60　图表视图

②工作状态统计分析

先选择需要统计数据的统计方式、统计专业及依据类型，然后鼠标左键单击"执行统计"，软件即可统计出某一时间点或某一时间段的工作状态统计数据，即各成本项的报审计审批情况汇总，如图 10-61 所示。

通过这项统计，操作人员可以及时发现未完成的事项，避免某些事项因拖延时间过长导致的扯皮现象的出现。

工作状态的统计分析与结算数据统计分析相似，也有列表视图和图表视图，操作者可以选择使用、输出。

注意：当切换到未完成工作统计分析时，不仅可以看到未完成工作的事项及其数额，还可以通过鼠标左键双击未完成的事项，软件可以直接链接到此项工作对应的工程台账页面，方便跟踪管理，如图 10-62 所示。

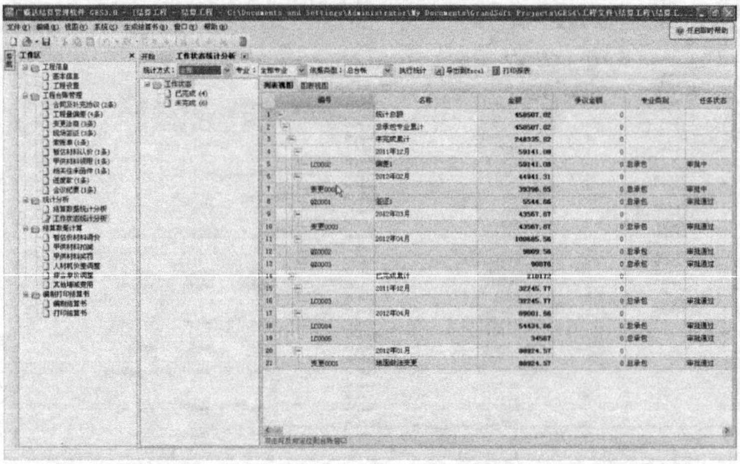

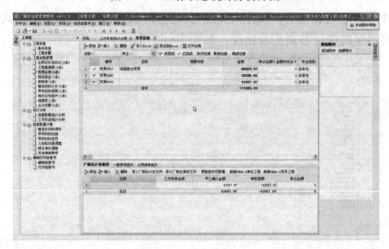

图 10-61　工作状态统计分析界面

图 10-62　工作状态统计分析的链接功能

5. 结算数据计算

结算数据计算，包括暂估价材料调价、甲供材料扣减、甲供材料奖罚、人材机价差调整、综合单价调整和其他增减费用，主要用来配合结算后期的价款调整，如图 10-63 所示。

操作者只要输入基础数据，软件就可以自动根据合同相关条款及国家相关规范等，并结合工程台账管理中的相关资料，进行汇总计算，以暂估价材料调价为例进行说明。

操作者完成工程台账管理中的暂估价材料认价单后，就可以查看暂估价材料调价了，如图 10-64 所示。

可见，软件已经根据结算文件的工程量及认定的单价与原合同的不同，计算并汇总出了差额的总值。编制人员只需点击取费明细，按照国家相关文件的规定计取适合的费率即可。

其他的甲供材料及综合单价等项的调整都与暂估价材料的价差调整相类似，参照操作，不再重复说明。

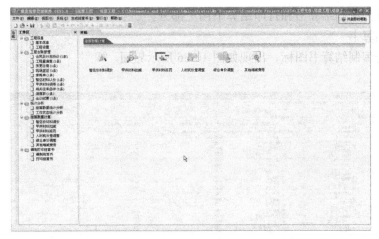

图 10-63　结算数据计算界面

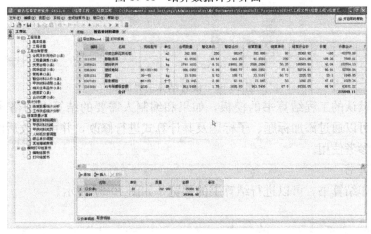

图 10-64　暂估价材料调价

6. 编制打印结算书

完成工程台账管理及计算数据计算模块后，就可以进入编制打印结算书模块，如图 10-65 所示。

图 10-65　编制打印结算书界面

此模块分为编制结算书和打印结算书两个部分。

①编制结算书

鼠标单击编制结算书图标，出现如图 10-66 所示界面。

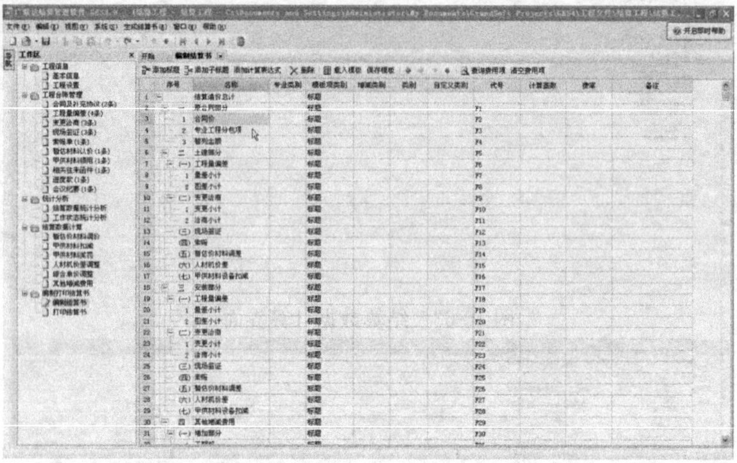

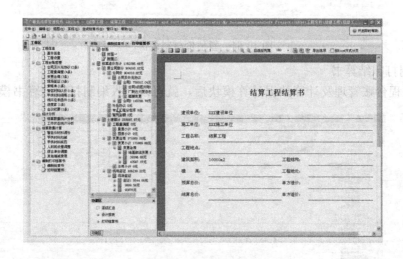

图 10-66　设置结算书界面

这是软件默认的工程结算书的模板，如果和编制人需要的结算书的格式或结构不一致，编制人员可以通过添加标题、子标题及其计算式进行修改，并可将改后的模式存为模板，以备后续参考使用。

②打印结算书

切换到打印结算书，可以进行结算书的预览，如图 10-67 所示。

图 10-67　结算书浏览

点击勾选"逐级汇总"项，可以浏览逐级汇总表，然后单击"打印结算书"，如图 10-68 所示。

勾选需要打印的结算文件，必要时可以点击"全选"，整体打印结算书。

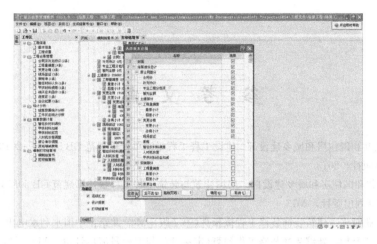

图 10-68　打印结算书

参 考 文 献

[1]　中华人民共和国住房和城乡建设部. 建设工程工程量清单计价规范 GB 50500—2013[S]. 北京：中国计划出版社，2013.

[2]　中华人民共和国住房和城乡建设部. 房屋建筑与装饰工程工程量计算规范 GB 50854—2013[S]. 北京：中国计划出版社，2013.

[3]　滕道社，张献梅. 建筑装饰装修工程概预算(第 2 版)[M]. 北京：中国水利水电出版社，2012.

[4]　许焕兴，刘雅梅. 新编装饰装修工程预算(定额计价与工程量清单计价)[M]. 北京：中国建材工业出版社，2005.

[5]　建设部标准定额研究所，湖南省建设工程造价管理总站. 全国统一建筑装饰装修工程消耗量定额 GYD 901—2002[S]. 北京：中国计划出版社，2002.

[6]　中华人民共和国建设部. 全国统一建筑工程基础定额 GJD-101-95[S]. 北京：中国计划出版社，1995.